先进电化学能源存储与转化技术丛书

张久俊　李箐　丛书主编

高性能储能器件电解质
设计、制备与应用

Electrolytes for High-performance Energy Storage Devices:
Design, Preparation and Applications

钟 澄　胡文彬　范夏月　等 编著

化学工业出版社

·北京·

内容简介

《高性能储能器件电解质》是"先进电化学能源存储与转化技术丛书"分册之一，关注高性能储能器件电解质材料的设计、制备与应用。书中系统介绍了电解质的理论发展、定义、分类、组成、离子传导机制，及其在二次离子电池、金属硫电池、金属空气电池中的具体应用，并展望了未来研究及发展的方向。

本书适用于储能领域科研工作者、相关技术人员等阅读，对于指导设计高性能电解质材料，发展满足未来能源需求的储能器件，具有重要意义。

图书在版编目（CIP）数据

高性能储能器件电解质：设计、制备与应用/钟澄等编著.—北京：化学工业出版社，2023.12（2025.2重印）
ISBN 978-7-122-44265-9

Ⅰ.①高…　Ⅱ.①钟…　Ⅲ.①储能器-电解质-研究
Ⅳ.①TE926

中国国家版本馆 CIP 数据核字（2023）第 187715 号

责任编辑：成荣霞
文字编辑：毕梅芳　师明远
责任校对：李露洁
装帧设计：王晓宇

出版发行：化学工业出版社
　　　　　（北京市东城区青年湖南街 13 号　邮政编码 100011）
印　　装：北京建宏印刷有限公司
710mm×1000mm　1/16　印张 8　字数 135 千字
2025 年 2 月北京第 1 版第 2 次印刷

购书咨询：010-64518888
售后服务：010-64518899
网　　址：http://www.cip.com.cn
凡购买本书，如有缺损质量问题，本社销售中心负责调换。

定　　价：88.00 元　　　　　　　　版权所有　违者必究

当前，用于能源存储和转换的清洁能源技术是人类社会可持续发展的重要举措，将成为克服化石燃料消耗所带来的全球变暖/环境污染的关键举措。在清洁能源技术中，高效可持续的电化学技术被认为是可行、可靠、环保的选择。二次（或可充放电）电池、燃料电池、超级电容器、水和二氧化碳的电解等电化学能源技术现已得到迅速发展，并应用于许多重要领域，诸如交通运输动力电源、固定式和便携式能源存储和转换等。随着各种新应用领域对这些电化学能量装置能量密度和功率密度的需求不断增加，进一步的研发以克服其在应用和商业化中的高成本和低耐用性等挑战显得十分必要。在此背景下，"先进电化学能源存储与转化技术丛书"（以下简称"丛书"）中所涵盖的清洁能源存储和转换的电化学能源科学技术及其所有应用领域将对这些技术的进一步研发起到促进作用。

"丛书"全面介绍了电化学能量转换和存储的基本原理和技术及其最新发展，还包括了从全面的科学理解到组件工程的深入讨论；涉及了各个方面，诸如电化学理论、电化学工艺、材料、组件、组装、制造、失效机理、技术挑战和改善策略等。"丛书"由业内科学家和工程师撰写，他们具有出色的学术水平和强大的专业知识，在科技领域处于领先地位，是该领域的佼佼者。

"丛书"对各种电化学能量转换和存储技术都有深入的解读，使其具有独特性，可望成为相关领域的科学家、工程师以及高等学校相关专业研究生及本科生必不可少的阅读材料。为了帮助读者理解本学科的科学技术，还在"丛书"中插入了一些重要的、具有代表性的图形、表格、照片、参考文件及数据。希望通过阅读该"丛书"，读者可以轻松找到有关电化学技术的基础知识和应用的最新信息。

"丛书"中每个分册都是相对独立的，希望这种结构可以帮助读者快速找到感兴趣的主题，而不必阅读整套"丛书"。由此，不可避免地存在一些交叉重叠，反映了这个动态领域中研究与开发的相互联系。

我们谨代表"丛书"的所有主编和作者，感谢所有家庭成员的理解、大力支持和鼓励；还要感谢顾问委员会成员的大力帮助和支持；更要感谢化学工业出版社相关工作人员在组织和出版该"丛书"中所做的巨大努力。

如果本书中存在任何不当之处，我们将非常感谢读者提出的建设性意见，以期予以纠正和进一步改进。

张久俊

[中国工程院　院士（外籍）；

上海大学/福州大学　教授；

加拿大皇家科学院/工程院/工程研究院　院士；

国际电化学学会/英国皇家化学会　会士]

李　箐

（华中科技大学材料科学与工程学院　教授）

目前，全球能源结构正在经历前所未有的深刻变革，由传统的化石能源向清洁高效能源转变。为了应对这一趋势，电化学储能技术的发展至关重要，是构建能源互联网和促进新能源产业发展的核心。在众多储能器件中，电池具有突出的优点（如易于模块化、电压和电流稳定、寿命长、充放电操作简便易行、体积尺寸规格多样、携带方便等），在人们日常生活、工业、农业、交通运输、通信、规模储能等各个领域都得到了广泛的应用。其中，作为连接电极之间的重要媒介，电解质是电池工作的离子通路，是电化学反应稳定进行的关键，对电池的工作机制和输出性能（例如，功率密度、能量密度、循环寿命）等具有显著影响。尽管离子传导理论研究已经取得重要进展，国内外关于电解质方面的文章与专著也层出不穷，然而，该领域仍然需要一本详细介绍储能器件中电解质离子传导理论以及电解质定义、分类和组成的专著，并详细介绍电解质在储能电池中应用时的具体问题与挑战，以满足读者需求。

本书基于物理化学基础，系统介绍了：①储能器件用电解质的理论发展；②电解质的定义、分类、组成以及离子传导机制；③电解质在二次离子电池、金属硫电池与金属空气电池中的具体应用。为了便于各个行业与领域的读者理解，本书结合物理、数学及化学分析，列举了大量近年来在国际期刊发表的研究成果，并展望了未来的研究及发展方向。本书第一章和第五章由钟澄、胡文彬编写，第二章由钟澄、范夏月编写，第三章由钟澄、刘晓瑞编写，第四章由钟澄、宋志双编写。

本书有利于促进读者对高性能储能器件电解质材料领域的了解，使科研工作者对该领域的创新拓展、前沿研究，以及未来发展方向有更深入的认识，有助于推进该领域的知识普及与科研进步。

钟　澄

第 1 章

储能器件用电解质的基本原理

目前，全球能源结构正在经历前所未有的深刻变革，由传统的化石能源向清洁高效能源转变。储能产业和储能技术作为能源发展和供应的核心支撑，其应用涵盖电源侧、电网侧、用户侧等多方面需求。其中，电化学储能技术具有快速响应和双向调节、环境适应性强、易于规模化且建设周期短等显著技术优势，在电网规模储能、可再生能源利用、能源互联网等领域具有广阔的应用前景，对于提升电力系统灵活性、经济性和安全性等具有重要意义，有利于推动主体能源由化石能源向可再生能源的更替、构建能源互联网和新能源产业的发展。

在众多储能器件中，电池系统具有模块化、电压和电流稳定、寿命长久、充放电操作简便易行、体积尺寸规格多样、携带方便等优点，在人们日常生活、工业、农业、交通运输、通信、规模储能等各个领域中都得到了广泛的应用，成为国民经济中的重要组成部分[1]。电池系统是一种能将化学能转变为电能的装置，主要由正负电极、电解质和连接电极之间的导线构成。作为连接电极之间的重要媒介，电解质是电池工作的离子通路，是电化学反应稳定进行的关键，显著影响着电池的工作机制和输出性能（例如，功率密度、能量密度、循环寿命）等。

通常，电解质的定义是在水溶液里或者熔融状态下能够导电的化合物[2]。电解质溶液的电导现象自19世纪初就受到科学界的广泛关注。1834年，著名科学家法拉第（Faraday）提出，在电解时溶液中的电流由带电荷的分解产物所传输，并且认为离子是由于电流的作用而产生的。随后，阿伦尼乌斯（Arrhenius）在研究高度稀释的电解质水溶液的电导时，发现电解质分子会发生自动离解[3]。基于此现象，他于1883～1887年间提出酸、碱、盐在水溶液中可以自动地部分离解为带不同电荷的离子，而不需要借助电流的作用，并且提出了电离度的概念，即溶液中已经电离的电解质分子数占原来总分子数（包括已经电离和尚未电离的）的百分比，这也是电解质溶液的第一个定量理论，成功地解释了一些溶液的性质。但是该理论的成立需要基于以下假设[1]：①电解质溶液在电离时并不完全电离成离子，只是被溶解分子中的一部分以离子形式存在，并且处于动态平衡。②离子间不产生相互作用力，电解质溶液的行为类似于理想气体，因此该理论仅适用于少部分电离的弱电解质；而对于完全离子化状态的强电解质溶液，不存在未电离的分子与离子间的动态平衡，离子在水溶液中以稳定的水化离子的形式存在。基于此理论，德拜-休克尔（Debye-Hückel）于1923年提出了强电解质溶液离子的相互作用理论（theory of ionic interaction）。这个理论指出，溶液中的离子由于带电而存在库仑力相互作用，其中，同种电荷相互排斥，异种电荷相互吸引。由于以上作用力，离子之间倾向于按照一定规则排列；然而，溶液中离子的热运动驱使离子均匀分散在整个溶液中。离子在稀溶液中的状态，是基于以上两种作用力共同作用的结果。此外，德拜-休克尔提出了高度简化的离子氛（ionic atmosphere）模型[4]，从微观上反映溶液中的离子行为，此模型的中心思想是强电解质能够在极稀溶液中发生完全电离，离子的浓度越大，离子间相互作用越强，并指出强电解质与理想溶液的偏差主要是离子间的静电引力造成的[5]。

在电场的作用下，由于中心离子和离子氛都会受到电场力的作用，其对称性将会受到破坏。1927 年，昂萨格（Onsager）在德拜-休克尔提出的离子氛模型的基础上，将德拜-休克尔理论应用于外加电场作用下的电解质溶液，提出电解质的电离受库仑力和外部电场作用下布朗运动的影响，并且该理论在水和苯等弱电解质溶液中得到证实[6]。同时，还建立了电导与电解质浓度的关系，提出溶液中离子的相互作用对电导的影响主要受到以下电场的作用[1]：①电场力，该作用力可以推动阳离子向电场方向迁移参与电导；②摩擦力，基于流体力学，任一微粒在连续介质中移动时，都会受到与微粒移动方向相反的摩擦力的作用，会降低溶液的电导；③松弛力，不对称的"离子氛"对中心离子在电场中的运动产生的阻力，会降低离子的运动速率，使摩尔电导率降低；④电泳力，在外加电场的作用下，中心离子同其溶剂化分子一起向同一方向运动，而其离子氛则同溶剂化分子一起向相反方向运动，阻滞了离子在溶液中的运动，使电导降低。上述研究为分析电解质中离子的存在形式、相互作用及传导提供了重要的理论基础，也开启了关于电解质这一重要领域的广泛应用和研究。

在电池储能系统中，电化学反应的进行伴随着电解质中离子的迁移和扩散，对于电解质中离子传导的定量研究有助于对其性能进行评价，因此引入离子电导率定量分析离子在电化学反应中的迁移特性。离子电导率作为电解质的重要属性之一，是衡量电解质导电能力大小的重要参数，并制约了电池的工作电压和输出功率等关键性能。以锂离子电池为例，电池的充放电过程依赖于锂离子在两个电极中的嵌入和脱出反应，因此锂离子的传输速率显著影响电池的充放电效率及工作电压等。同时，离子电导率与电解质的组成密切相关，通过调控电解质的组成及存在形式，有助于获得不同的电池性能，从而满足多种场景的使用需求。此外，在电池电解质中，离子电导是阴阳离子在电场中迁移产生的导电现象，阴阳离子的迁移率越大，电解质的电导率也就越大。例如，对于锂离子电池来说，在电场的作用下，阴阳离子在正负极之间进行迁移（Li^+ 带正电，会在电场的作用下向负极迁移，阴离子，如 PF_6^- 带负电，会在电场的作用下向正极迁移），因此电解质的离子电导率是阴阳离子迁移共同作用的结果，但是只有锂离子的迁移对于电池的反应是有意义的。因此，引入了离子迁移数的概念，用来表示溶液中某种离子所传递电流份额的大小。定义某一种离子迁移的电量与通过溶液的总电量之比为该离子的迁移数[1]。离子迁移数量化了参与电池电化学的有效离子分数，与离子电导率共同用来衡量不同电解质的离子迁移性质。

根据电池中电解质的存在形式，可以将其分为液态电解质和非液态电解质，如图1-1所示。液态电解质通常由溶剂和可溶性的盐组成，其中溶剂包括水溶剂和非水系溶剂（如有机溶剂和离子液体）[7]。根据溶剂形成氢键的能力，可将溶剂分为非质子性溶剂以及质子性溶剂。其中，非质子性溶剂不能作为氢键给予体，其溶剂化作用主要依靠偶极矩或范德华力；质子性溶剂有强的极性，其中的氢原子易被取代，主要通过与电解质反应物中的负离子结合或者与正离子进行配位结合，也可与中性分子中的 N、O 原子形成氢键，而产生溶剂化作用[8]。

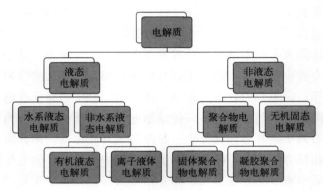

图 1-1　电解质体系分类示意图

电解质中的离子是一种带电粒子，电解质溶剂与离子之间的相互作用对于离子的传导具有十分重要的影响。例如，对于锂离子传输过程，液态电解质表现出较高的离子电导率，但锂离子溶解在电解质中时会发生溶剂化，由于与溶剂分子的缔合，其表面产生一层溶剂化的外壳，从而导致了较低的锂离子迁移数，这也限制了基于液态电解质的锂离子电池高容量、快速充电等能力。自 2003 年以来，锂离子与溶剂（常规电解质和高浓度电解质体系）之间的相互作用受到广泛研究，包括与锂离子相互作用的亲核位点和可容纳的溶剂分子数等。基于第一性原理的自由能计算和分子动力学模拟等手段，均证实了液态电解质中锂离子中心被碳酸盐分子的羰基包围，因为其存在的孤对电子可以在库仑引力的作用下与阳离子中和[9]。随后，基于核磁共振、拉曼光谱等表征手段证实了羰基中的 O（而不是 C）是直接与锂离子（Li$^+$）相互作用的结构单元[10]，并且研究指出溶剂化程度与电解质溶剂的介电常数、盐浓度以及离子对的关系等有关，这为设计具有较高离子电导率和离子迁移数的电解质体系提供了有力指导，从而促进了用于锂基电池的高性能电解质材料的发展。

随着时代的发展和科技的进步，人们开始逐渐追求高度集成化、轻量便携化、可穿戴式、可植入式等方便人类更好使用的器件，特别是柔性、可拉伸、便携式的电子产品，这就迫切需要开发与之高度兼容的具有高储能密度、柔性化、可拉伸、功能集成化的微型储能器件，这些电子产品的发展离不开为之提供动力的柔性/可拉伸和便携式电源的发展，如柔性/可拉伸和便携式电池、柔性/可拉伸和便携式超级电容器等[11]。柔性/可拉伸和便携式电池是指可以承受弯曲、扭曲、拉伸甚至折叠等物理形变或者微型化方便携带的电池[12]，包括锂离子电池、锂硫电池、锂空气电池、铝空气电池、锌空气电池、太阳能电池、燃料电池等。传统液态电解质具有易挥发、易燃、形变过程中易泄漏等问题，不能满足柔性和便携式的使用需求，因此迫切需要开发新型的电解质材料即非液态电解质，以避免上述液态电解质在柔性应用中的局限。

　　总体而言，非液态电解质可以分为聚合物电解质和无机固态电解质两大类。其中，聚合物电解质由聚合物骨架和离子传导相（如导电盐、离子液体）组成，其中可包含溶剂增塑剂［称作凝胶聚合物电解质（gel polymer electrolyte，GPE）］，也可不包含溶剂增塑剂［称作固体聚合物电解质（solid polymer electrolyte，SPE）］。其中，凝胶聚合物电解质在室温条件下具有较高的离子电导率，是一种常用的半固态电解质体系。通常来说，凝胶聚合物电解质由聚合物基体和液态电解质组成，可以简单概括为一种聚合物-液体-（盐）体系，其中液态电解质可以为导电酸、碱或盐分散在水性或有机溶剂增塑剂或者离子液体中[7]。凝胶聚合物电解质还应该具有足够的机械强度以承受一定的弯曲等机械形变。溶剂增塑剂本质上是一种低分子量的树脂或液体，它的使用可以减少聚合物-聚合物链之间的二次键合，并且为大分子提供更大的流动性，从而使所制备的材料更加柔软和更易变形[13]。当水用作增塑剂时，水分子由于表面张力会被捕获在三维聚合物网络内，从而形成水凝胶[14]。有机溶剂如碳酸乙烯酯、碳酸丙烯酯、碳酸二甲酯、N,N-二甲基甲酰胺、四氢呋喃、碳酸二乙酯、邻苯二甲酸二乙酯、碳酸甲乙酯、γ-丁内酯及其混合物也可用作凝胶聚合物电解质中的溶剂增塑剂。与此相比，固体聚合物电解质（SPE）中无溶剂增塑剂，由离子导电盐溶胀在聚合物基质中制备而成，可以简单概括为一种聚合物-盐体系[15]。固体聚合物电解质具有良好的柔性，然而，其在室温条件下的离子电导率通常较低，从而限制了该电解质体系在实际中的应用。目前，已经发展了许多作为有机电解质骨架的聚合物材料，如聚环氧乙烷（PEO）、聚乙烯醇（PVA）、聚丙烯酸（PAA）、聚丙烯酸钾（PAAK）、聚丙烯酰胺（PAM）、聚丙烯腈（PAN）、聚甲基丙烯酸甲酯（PMMA）、聚醚醚酮（PEEK）、聚氯乙烯（PVC）、聚偏氟乙烯（PVDF）、聚偏氟乙烯-六氟丙烯（PVDF-HFP）、聚亚芳基醚酮（PAEK）、聚乙烯基吡咯烷酮（PVP）、聚氨酯（PU）、聚环氧丙烷（PPO）、聚乙二醇（PEG）等。

对于上述两种半固态的聚合物电解质体系，其表现出与液态电解质不同的离子迁移机制。聚合物电解质的离子传输依赖于一些极性基团，例如—O—、=O、—S—、—N—、—P—、C=O、C≡N等，这些基团能与Li^+进行配位，进而溶解锂盐，产生自由移动的离子。目前大部分研究认为聚合物电解质中的离子传输只发生在玻璃化转变温度（T_g）以上的无定形区域，因此链段的运动能力也是离子传输的关键。具体来说就是锂离子在特定位置与聚合物链上的极性基团配位，通过聚合物链局部的链段运动，产生自由体积，从而使锂离子在链内与链间实现传输。这也导致了聚合物电解质中锂离子的扩散速度要明显低于液体电解质，从而使得其在室温下离子电导率很低。目前，诸多研究关注向其中引入添加物以提高离子电导率，例如引入以下添加剂：①少量的小分子溶剂，主要作用是提高锂离子的溶解度，从而提高电解质中载流子的浓度；②纳米颗粒，主要作用是改变其结晶性，提高聚合物链段的运动能力，以改善聚合物电解质的离子电导率。

相比于锂离子，电解质中的质子（H^+）和氢氧根离子（OH^-）具有较高的离子迁移率。其中，质子传输主要基于以下四种机理[16]：①质子跳跃或格罗特斯（Grotthuss）机制；②扩散机制；③对流机制；④聚合物电解质中通过聚合物链段运动传输。

在格罗特斯机制下，质子的迁移速率取决于氢键离子（以$H_5O_2^+$、$H_7O_3^+$、$H_9O_4^+$等水合形式存在）与水分子或其他氢键液体之间氢键的形成或断裂。在该传输机制下，质子从水分子一端，与溶液中的离子形成氢键，随后发生氢键的断裂，质子"跳跃"到另一个水分子上，借由该过程中氢键的断裂与新氢键的形成，快速传递到另一端。该过程中不同位点之间的局部重排和重新定向取决于质子供体和受体之间的电势差。格罗特斯机制表现出较低的活化能（势垒约为几$kJ \cdot mol^{-1}$）和高质子迁移率。由于借助于氢键的形成和断裂，离子传输机制通常发生在富含氢键的电解质溶液中。

在扩散机制下，质子与溶剂分子（例如水）结合，生成复合物，随后质子的传输伴随着复合物的扩散过程。在质子浓度梯度驱动下，质子可以通过氢-水离子（在此示例中为H_3O^+）的扩散而迁移。而由于溶液中氢与其他水分子的强键合，氢-水离子的扩散会减少。因此，扩散过程比格罗特斯机制慢得多，并且表现出较高的活化能。

此外，由于电解质溶液中的压力梯度、离子浓度梯度以及静电势梯度的作用，电解质溶液中的离子可以以对流方式传输。例如，在有离子交换膜存在的电化学体系中，由于质子与水分子一起移动穿过膜，会在膜内产生水分子的对流，从而出现了跨膜的对流传输。

质子的迁移也可能是由聚合物链段运动引起的。但是，这种类型的质子传输仅限于分子可以自由移动的、溶剂化的无定形相聚合物。因此，只有在聚合物的玻璃化转变温度（T_g）以上，才能通过链段运动进行质子传导。在非晶相中，聚合物侧链可以在一定程度上振动，从而减小或消除了质子传导的距离。为了在聚合物电解质中达到高质子电导率，高度水合是必不可少的，因为在恒定温度下，较高含水量的聚合物电解质中更容易形成氢键，有利于通过具有高迁移率的格罗特斯机制传输。而随着温度升高，氢键开始伸长和断裂，扩散机制逐渐会占据主导地位。

在实际应用过程中，为了研究质子传导机理，通常将质子电导率表征为温度（T）的函数，以质子电导率（σ）的对数与温度的倒数作图（Arrhenius 图）。如果两者关系为线性，则表示 Arrhenius 类型的温度依赖性；如果得到的是曲线，则需要使用付格尔-塔曼-富尔彻（Vogel-Tamman-Fulcher，VTF）方程进行经验拟合。最终活化能可以根据 $\ln\sigma$-$(1000/T)$ 曲线的斜率计算[16]。

20 世纪以来，电解质溶液中的水合氢氧根离子被认为是水分子失去了一个质子[17]，其传输机制可以通过质子传输的机制解释，即通过氢氧根离子与水分子（或其他氢键性质液体）之间氢键的断裂与形成实现离子的传输。然而，近年来的研究表明，水合氢氧根离子与质子传输过程中形成的水合物具有不同的结构[18]。有研究基于第一性原理计算模拟了水合氢氧化物的溶液结构和传输机理[19]，揭示了其与质子不同的传输过程。氢氧根离子的传输与水合配合物之间的相互作用密切相关，并受核量子效应的强烈影响。氢氧根离子在电解质溶液中的传输包含两个独立的过程：首先，通过克服一定的能量势垒，氢键在氢氧化物配合物周围的水分子壳中断裂，形成活性的溶剂化状态。其次，氢氧化物、氢原子和相邻的水分子之间会形成弱氢键，随后失去一个水分子，接受质子，形成新的氢氧根离子。该研究揭示了氢氧根离子的传输与氢氧化物水配合物的形成密不可分，表现出与质子传输不同的溶液性质，并且会对电解质溶液中水分子的结构和动力学产生重要影响。随后的实验和理论计算也进一步证实了存在氢氧根离子的情况下，水分子结构和动力学性质的变化[20]。

基于上述理论，不同电解质溶液表现出不同的离子迁移特性。导电能力的强弱与单位体积内离子数的多少及离子的运动速度有关，主要影响因素有[21]：

① 电解质本性的影响。不同的电解质组成，溶液电离情况不同，离子所带电荷及离子半径不同，会影响离子水化程度，进而影响电解质的离子电导率。

② 温度的影响。一方面，温度增高有利于加快离子的运动速度；另一方面，温度会影响电解质溶液的黏度，进而影响离子的水化程度，改变电解质的导电能力。

③ 电解质浓度的影响。在小于某浓度值范围内，电解质单位体积中离子数目较少，离子之间间距较大，静电作用较小；随着浓度增加，离子数目增多，因此离子电导率随电解质浓度的增大而增大；当浓度增加到某一值时，电导率达到最大值，浓度继续增加会使离子之间的距离减小，这时静电作用占据主导，造成离子的运动速率减慢，从而电导率下降。

对于无机固态电解质材料，自 1839 年由科学家法拉第首次观察到固态电解质以来的近一个世纪中，具有快离子电导的固体材料仅被认为是个别物质才具有的特殊性质。直至 1934 年，α-AgI 材料的离子传导现象被发现，固态电解质才开始引起研究学者们的兴趣。常见的传导离子有银离子（Ag^+）、亚铜离子（Cu^+）、锂离子（Li^+）、钠离子（Na^+）、氧离子（O^{2-}）、氟离子（F^-）等。由于无机固态电解质的多样性，其传导特性各不相同。例如，银离子导体具有快离子电导性（低温），亚铜离子导体的离子传导常伴随着电子和空穴电导，氧离子导体的离子传导具有缺陷机制，碱金属离子导体的离子传导与其晶体结构紧密相关[22]。

目前，已经发展了锂离子迁移数约为 1 的无机固态电解质，这些电解质中只有锂离子能够进行迁移，是一种非常理想的电解质材料。在无机晶体化合物内部，锂离子的传导是移动离子在周围电位的能量有利位点之间跳跃形成的，周围离子的运动为移动离子提供激活能量，以促使其通过晶体结构中的通道。但是无机固态电解质真正应用在储能系统中还面临很多严峻挑战，首先是由于无机固态材料的脆性很强，因此在制成厚度小于 $100\mu m$，甚至是 $20\mu m$ 的电解质膜的加工过程中面临诸多挑战。同时，传统的固相合成方法会在陶瓷电解质内形成众多的晶界和微孔，存在较大的晶界电阻，从而极大地降低了陶瓷电解质的电导率。

因此，在电解质的设计过程中，如何获得较高的离子电导率，并且保持高的离子迁移数，对于提高电池的功率密度和能量密度具有重要的意义。为了满足电池的实际应用，总的来说，理想的电解质材料应具有以下特性[7,23]：①具有较好的离子传导性能，同时应当为电子绝缘体，以促使离子的快速传输，且控制电池自放电保持在最低限度；②应具有较宽的电化学窗口，使电解质不会在正负电极的工作电位范围内发生电化学反应而失效；③与电池中的其他组件，如电池隔膜、电极集流体和电池包装材料等，不发生化学和电化学反应；④具有较好的热稳定性，电解质的熔点和沸点均应高于电池的工作温度；⑤对于固态或者半固态电解质应具有足够的机械强度和尺寸稳定性；⑥安全可靠，具有低毒性、低挥发性和可燃性，不对人体和其他生物体、环境造成危害，满足可持续发展；⑦具有较低的生产成本，包括材料费用和生产费用。因此，分析电解质的导电机制及其在电池系统中的化学反应，对于指导设计高性能电解质系统、发展满足未来能源需求的储能器件具有重要意义。

参考文献

[1] 曹婉真，夏又新. 电解质. 西安：西安交通大学出版社，1991：30-90.

[2] 许文英. 实用化学基础. 上海：复旦大学出版社，2000：88-89.

[3] Prieve D C，Yezer B A，Khair A S，et al. Formation of Charge Carriers in Liquids. Advances in Colloid and Interface Science, 2017, 244：21-35.

[4] 郭鹤桐，刘淑兰. 理论电化学. 北京：宇航出版社，1984：35-41.

[5] Onsager L. Theories of Concentrated Electrolytes. Chemical Reviews, 1933, 13（1）：73-89.

[6] Onsager L. Deviations from Ohm's law in weak electrolytes. The Journal of Chemical Physics，1934，2：599.

[7] Zhong C，Deng Y，Hu W，et al. A review of electrolyte materials and compositions for electrochemical supercapacitors. Chemical Society Reviews, 2015, 44（21）：7484-7539.

[8] 刘凤华. 化学制药工艺学. 沈阳：东北大学出版社，2014：31-34.

[9] Xu K. Electrolytes and interphases in Li-ion batteries and beyond. Chemical Reviews, 2014, 114（23）：11503-11618.

[10] Bogle X，Vazquez R，Greenbaum S，et al. Understanding Li^+-solvent interaction in nonaqueous carbonate electrolytes with ^{17}O NMR. Journal of Physical Chemistry Letters, 2013, 4（10）：1664-1668.

[11] Nishide H，Oyaizu K. Toward flexible batteries. Science, 2008, 319（5864）：737-738.

[12] 史菁菁，郭星，陈人杰，等. 柔性电池的最新研究进展. 化学进展，2016，28（4）：577-588.

[13] Rahman M，Brazel C S. The plasticizer market：an assessment of traditional plasticizers and research trends to meet new challenges. Progress in Polymer Science, 2004, 29（12）：1223-1248.

[14] Choudhury N A，Sampath S，Shukla A K. Hydrogel-polymer electrolytes for electrochemical capacitors：an overview. Energy & Environmental Science, 2009, 2（1）：55-67.

[15] Long L，Wang S，Xiao M，et al. Polymer electrolytes for lithium polymer batteries. Journal of Materials Chemistry A, 2016, 4（26）：10038-10039.

[16] Gao H，Lian K. Proton-conducting polymer electrolytes and their applications in solid supercapacitors：a review. Rsc Advances, 2014, 4（62）：33091-33113.

[17] Hückel E. Theorie der Beweglichkeiten des Wasserstoff-und Hydroxylions in wässriger Lösung. Zeitschrift für Elektrochemie, 1928, 34（9）：546-562.

[18] Tuckerman M，Laasonen K，Sprik M，et al. Ab initio molecular dynamics simulation of the solvation and transport of H_3O^+ and OH^- ions in water. Journal of Physical Chemistry, 1995, 99（16）：5749-5752.

[19] Tuckerman M E，Marx D，Parrinello M. The nature and transport mechanism of hydrated hydroxide ions in aqueous solution. Nature, 2002, 417（6892）：925-929.

［20］ Chen B，Park J M，Ivanov I，et al. First-principles study of aqueous hydroxide solutions. Journal of the American Chemical Society，2002，124（29）：8534-8535.

［21］ 张挺芳，陆嘉星. 电解质溶液. 上海：上海科学技术文献出版社，1991：84-105.

［22］ 史美伦. 固体电解质. 重庆：科学技术文献出版社重庆分社，1982：180-190.

［23］ Li Q，Chen J，Fan L，et al. Progress in electrolytes for rechargeable Li-based batteries and beyond. Green Energy and Environment，2016，1（1）：18-42.

第 2 章

二次离子电池电解质

随着电网规模储能、新能源交通运输和个人电子设备的快速发展，二次离子电池在现代社会生活中发挥着越来越重要的作用。离子电池的运行主要依赖于充放电过程中离子在正负电极之间往返地嵌入和脱出[1]。基于该电池在充放电过程中的离子传输特点，离子电池也被称作"摇椅型电池"，包括锂离子电池、钠离子电池、钾离子电池、锌离子电池、镁离子电池、铵离子电池等。其中，锂离子可充电池具有体积和质量能量密度相对较高（与铅酸电池相比）、工作电压较高、寿命较长、记忆效应小且对环境友好的优点，已成为全球电池市场的一项重要储能技术[2]。

纵观电池发展的历史，锂电池的最早发明可以追溯到 1913 年，科学家路易斯（Lewis）和凯斯（Keyes）使用锂作为电化学电池的活性成分，发表了第一篇可充金属锂电池的报告[3]。尽管在锂电池出现之前已经发展了其他二次电池技术（例如，镍氢和铅酸电池），然而这些电池能量密度较低。与此相比，金属锂具有独特的优越性，如较低的质量和较高的电化学势能，因而基于金属锂可以得到具有较高能量密度的电池体系。此外，锂离子的离子半径较小，在用作电荷载流子时可以提供较高的扩散系数，有助于增强电极之间的离子传输能力[4]。随后，1965 年，塞利姆（Selim）等研究学者发现金属锂在碳酸丙烯酯基有机电解质中具有较好的稳定性，并组装了二次有机锂电池，然而其循环性能仍然不足以满足日常需求[5]。20 世纪 70 年代的石油危机促使研究人员需要寻找一种更好的电池系统以代替石油资源。对于更高能量密度的电池体系的追求，使研究人员聚焦于研究具有较宽电压窗口的有机电解质组装的二次锂电池[6]。20 世纪 90 年代初期，索尼公司（Sony Corporation）首次将锂离子可充电池作为产品推向消费市场。自此锂离子电池技术逐渐成熟并主导了消费电子市场，被广泛应用于各类消费类电子产品。随着电池技术的不断革新和电池性能的不断提高，锂离子电池逐渐被应用于电动汽车和混合动力电动汽车中，我国从"十五"时期开始实施新能源汽车科技规划，并启动了"863"计划电动汽车专项，以应对这一发展趋势。近年来，新的市场需求促进了锂离子电池在规模储能系统中的应用。

通常来说，锂离子电池主要由正负电极和电解质组成，其电池工作原理如图2-1 所示[7]。随着现代社会对于具有更高能量密度以及安全性电池的需求，电解质被认为是开发与改进锂离子电池的关键组件[8]。总的来说，用于锂离子电池的电解质材料需要具备以下几个条件：①高离子电导率；②高的热稳定性和化学稳定性，在使用过程中不发生失效；③与其他电池组件（如隔膜、电极、电极集流体和封装材料）不发生反应，且具有良好的相容性；④较宽的电化学窗口，在较宽的电压范围内保持电化学性能的稳定；⑤安全、无毒、无污染。

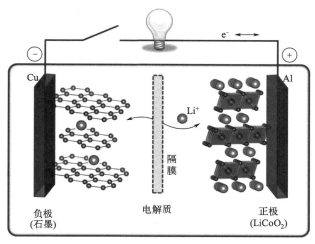

图 2-1　锂离子电池工作原理示意图[9]

2.1
液态电解质

　　常用于离子电池的电解质种类按照形态可以分为液态电解质和半固态/固态电解质。液态电解质是离子电池中一种常见的电解质材料，主要包括水系电解质、有机电解质以及离子液体电解质。用于离子电池的水系和有机电解质由锂盐和可以溶解盐类物质的水溶剂或者有机溶剂组成。通常来说，电解质中的溶解盐具有以下特点：①在溶剂中应具有高的溶解度，以提高电荷浓度；②具有宽的电化学稳定窗口（由溶解盐的氧化还原电位决定）；③溶解盐应对电池中的其他组件（如隔膜、溶剂、电极和集流体等）具有化学惰性；④具有良好的热稳定性，以提高电池安全性；⑤该溶解盐材料应成本低，且安全无毒，以促进其大规模应用[10]。以锂离子电池为例，商业用锂离子电池中使用的电解质多采用非水系溶剂，通常由六氟磷酸锂（$LiPF_6$）盐溶解在有机碳酸酯中组成，常用的有机碳酸酯如碳酸亚乙酯（EC）、碳酸二甲酯（DMC）、碳酸丙烯酯（PC）、碳酸二乙酯（DEC）和碳酸甲乙酯（EMC）[11]。除此之外，其他锂盐也在被不断地探索并应用于锂离子电池中，包括高氯酸锂（$LiClO_4$）、三氟甲基磺酸锂（$LiSO_3CF_3$）、双氟磺酰亚胺锂［$LiN(SO_2F)_2$，LiFSI］、双三氟甲基磺酰亚胺锂［$LiN(SO_2CF_3)_2$，LiTFSI］、氟磺酰基（三氟甲基磺酰亚胺）锂（LiFTF-SI）、四氟硼酸锂（$LiBF_4$）、六氟砷酸锂（$LiAsF_6$）、双草酸硼酸锂（LiBOB）、草酰氟硼酸锂（LiODFB）、聚乙烯醇草酸硼酸锂（LiPVAOB）、聚丙烯酸草酸硼酸锂（LiPAAOB）和聚酒石酸硼酸锂等[12]。其他有机溶剂也在被不断地探索以获得更为优异的锂离子电池性能，例如1,3-二氧戊环、四氢呋喃、2-甲基四氢呋喃、1,2-二甲氧基乙烷、二甲基甲酰胺、环丁砜、γ-丁内酯、γ-戊内酯、γ-辛内酯、1,2-二乙氧基乙烷、1,2-癸二酸乙烷[13]。

与锂离子电池相似，对于钠离子电池电解质的研究也始于有机液态电解质，由钠盐溶解在有机溶剂中获得[10]。用于钠离子电池的液态电解质，成分与锂离子电池相似，所使用的有机溶剂通常为锂离子电池中常见的碳酸酯类溶剂，钠盐通常为钠基化合物[14]。其中，高氯酸钠（$NaClO_4$）是一种常用的钠盐，具有离子电导率高、成本低的优点。但是，$NaClO_4$ 的高毒性和爆炸风险阻碍了其在实际中的大规模应用[10]。六氟磷酸钠（$NaPF_6$）是另一种常见的钠盐，在碳酸丙烯酯基溶剂中具有较高的离子电导率。然而，该钠盐价格较高、毒性较大、分解温度低、在单一溶剂中的溶解度低，通常需要添加碳酸亚乙酯制备多组分溶剂以缓解这一问题。此外，基于离子液体阴离子的钠盐具有良好的化学稳定性，安全无毒，如四氟硼酸钠（$NaBF_4$）、双三氟甲基磺酰亚胺钠 [$NaN(SO_2CF_3)_2$，NaTFSI]、双氟磺酰亚胺钠 [$NaN(SO_2F)_2$，NaFSI]、三氟甲基磺酸钠（NaTf）。然而，在 NaFSI 和 NaTFSI 与碳酸酯类溶剂组成的电解质中，铝质材料会发生严重的腐蚀。因此，该钠盐在基于铝集流体的离子电池中的使用受到了限制。常见的用于钠离子电池的有机溶剂包括碳酸亚乙酯、碳酸丙烯酯、碳酸二乙酯、碳酸二甲酯、碳酸甲乙酯、二甲醚（DME）[10]。

与以上两种离子电池相似，常用于钾离子电池的液态电解质由钾盐溶解在碳酸酯类或醚类溶剂中获得。其中，高氯酸钾（$KClO_4$）、六氟磷酸钾（KPF_6）和双氟磺酰亚胺钾（KFSI）是钾离子电池中常用的钾盐。其中，值得注意的是，在较高温度和高于 4V 的电压下，FSI^- 与铝质集流体会发生反应，因而限制了该钾盐在较高电压的电池系统中的应用[15]。常用的电解质溶剂为碳酸亚乙酯（EC）、碳酸丙烯酯（PC）、碳酸二乙酯（DEC）、碳酸二甲酯（DMC）或者混合溶剂（EC-DEC、EC-DMC、EC-PC）。

常用溶剂的参数详情见表 2-1[11]。其中，溶剂的相对介电常数和黏度是决定电解质离子传导能力的重要特性。溶剂的熔点和沸点是反映溶剂物理化学性质（如分子结构和分子间作用力）的参数，该参数与所组装电池的工作温度直接相关[16]。对于离子电池的液态电解质来说，电解质溶剂需满足以下要求[16,17]：①应具有足够的极性和高的介电常数，以提高溶解盐的能力；②应具有较低的黏度，以助于体系中离子的迁移；③应能够在较宽的电压范围内 [$0\sim5.0V$ vs. (Li/Li^+)]，以保持电化学惰性；④应具有较低的蒸气压，以减少因电解质挥发而造成的损失；⑤应具有较宽的工作温度区间。

表 2-1 常用溶剂参数表[11]

溶剂	分子量	密度(25℃) /g·cm⁻³	相对介电常数 (25℃)	黏度(25℃) /cP	熔点 /℃	沸点 /℃	闪点 /℃
碳酸亚乙酯(EC)	88	1.32(40℃)	90(40℃)	1.9(40℃)	36	238	143
碳酸丙烯酯(PC)	102	1.2	65	2.5	−49	242	138
碳酸二甲酯(DMC)	90	1.06	3.1	0.59	5	90	17
碳酸甲乙酯 (EMC)	104	1.01	3	0.65	−53	108	23
碳酸二乙酯(DEC)	118	0.97	2.8	0.75	−74	127	25

注：1cR=10⁻³Pa·s。

单一溶剂往往难以同时满足高介电常数、低黏度，且保持电解质与电极的界面稳定性等要求。因此，在实际离子电池的装配过程中，需要两种及多种溶剂混合加入，以得到同时具有高介电常数和低黏度的电解质溶剂。例如，碳酸丙烯酯（PC）和碳酸亚乙酯（EC）具有较高的极性和介电常数，然而由于强分子间作用力，这类溶剂具有较高的黏性。与此相比，碳酸二甲酯（DMC）和碳酸二乙酯（DEC）具有较低的黏度和介电常数。同时，这两类溶剂比其他低黏度的醚类溶剂［如 1,2-二甲氧基乙烷和四氢呋喃（THF）］具有更高的电化学稳定性。因此，商业锂电池中倾向于使用混合酯体系，如 PC＋DEC、EC＋DMC 等[16]。需要注意的是，对于以碳材料为负极的锂离子电池，电解质中的 PC 溶剂易在高度石墨化的碳电极上发生电化学分解，而基于 EC 的混合溶剂体系更适合该结构的电极材料[16]。根据密度泛函理论（DFT）计算可知，最高占据分子轨道（HOMO）和最低未占分子轨道（LUMO）值揭示了溶剂的受体数（AN）和供体数（DN），以及其获得和失去电子的能力。对于钠离子电池，碳酸酯类溶剂［如 EC、PC、DMC、EMC、DEC、碳酸亚乙烯酯（VC）、碳酸丁烯酯（BC）］与钠离子相互作用后，其 HOMO-LUMO 能隙会增加。然而，由于钠离子和 EC 分子的优先配位作用，当 EC 与 PC、DMC 或 EMC 用作共溶剂时，HOMO-LUMO 能隙减小。在钠离子和溶剂所形成的众多配合物中，EC 分子与钠离子相互作用最强，其次是 PC 和线型碳酸酯类溶剂，而 DMC 分子与钠离子之间的相互作用较弱。总体而言，基于量子化学分析，EC-PC 二元溶剂是钠离子电池的最佳溶剂体系。通过多种钠盐与溶剂相互组合研究发现，以 $NaPF_6$ 或 $NaClO_4$ 为溶解盐，EC-PC 为溶剂所组成的电解质效果最佳，其中，EC 溶剂可有效提高混合溶剂的溶解度和离子电导率。实验表明，以 $NaClO_4$-EC-PC 为电解质组装的钠离子电池，在 $C/10$ 时可以获得 $326mA·h·g^{-1}$ 的电池容量，且具有较高的容量保持率（经过 120 圈循环后其容量约为 300mA·h·g^{-1}）[18]。然而，EC 溶剂的黏度较高，通常需要在 EC-PC 溶剂中添加助溶剂（如 DMC、DEC 和 DME）以降低其黏度[10]。除了以上传统的有机溶剂，一些新近发展的溶剂也引起了学者们越来越多的关注。通常来说，酯类溶剂对正极表面的氧化现象有较好的抵抗力，但是它们较高的还原电势通常使这类溶剂不适用于低电势下工作的负极材料。大多数碳酸酯类溶剂在正负电极的表面均具有稳定性，这类溶剂可以通过在电极表面形成固体电解质界面层以防止其持续还原，从而可以在动力学上有效缓解上述酯类溶剂的问题。为了最大程度地利用碳酸酯类溶剂的界面优势，首先，可以对碳酸酯类溶剂的骨架进行修饰，以制备新型的溶剂材料，其主要目的是减少石墨化负极在离子电池第一圈循环中的不可逆容量损失[17]。例如，通过不同程度的链支化，可以得到 n-碳酸甲丁酯（n-butyl methyl carbonate，n-BMC）、异丁基碳酸甲酯（iso-butyl methyl carbonate，i-BMC）和仲丁基碳酸甲酯（sec-butyl methyl carbonate，s-BMC）。将这三种溶剂分别与 LiPF$_6$-EC 混合为电解质溶液，并与石墨基电极组装成锂离子半电池，可以发现经过结构修饰的 DMC 在经过 50 圈循环之后，其容量保持率（93%～95%）均高于未修饰的 DMC（88%）[19]。另外，氟化是改变电解质溶剂结构的常用方法，氟的引入往往会使得电解质溶剂的抗氧化性能增强、凝固点降低、闪点升高，并且可能会促进更致密的 SEI 层的形成，有利于电池的稳定性[17]。目前，已经发展了大量的氟代溶剂，如氟代碳酸乙烯酯（FEC）、三氟代碳酸丙烯酯、双 2,2,2-碳酸三氟乙酯、1,1,1,3,3,3-六氟异丙基甲醚、1,1,2,2-四氟乙基-2,2,3,3-四氟丙基醚等。其中，FEC 是一种广泛应用的氟代溶剂（或添加剂），该物质可以通过分解形成碳酸亚乙烯酯（VC）和 LiF，VC 易在电极上发生聚合反应，促进稳定的 SEI 层的形成，以抑制电解液与电极之间的副反应，有助于增强电池循环寿命[17]。

对于离子电池，电解质和电极之间的界面是实现电子和离子交换的关键部位。因此，电解质-电极界面的稳定性对于离子电池的性能至关重要。通常来说，锂离子电池的电极和电解质之间会形成一层"固体电解质界面层"（solid electrolyte interface，SEI）。这是由于在锂离子电池首次充放电过程中，电极材料与液态电解质在固/液相界面上发生反应，形成一层覆盖于电极表面的钝化层。该钝化层是一种具有固体电解质特征的界面层，是一种电子绝缘体，却同时是锂离子的优良导体，锂离子可以经过该钝化层自由地嵌入与脱出。此 SEI 层的形成，一方面可以保护电极材料，由于这层钝化层不溶于有机溶剂，溶剂分子不能通过这层钝化膜，从而可以有效防止溶剂分子的共嵌入，避免其对电极材料造成破坏，因而大大提高了电极的循环性能和使用寿命；另一方面则会消耗部分锂离子，导致电池容量下降、电阻增加和功率密度降低。当 SEI 层均匀性较差甚至出现破裂时，则会导致锂离子在 SEI 层中不均匀地溶解和沉积，并且会使现有的 SEI 层退化并暴露出新的电极表面，导致额外的 SEI 层形成，进一步消耗锂离子和电解质，从而降低了电极材料的充放电效率[20]。正如研究学者温特（Winter）所说，锂离子电池中的这个界面层是"最重要但最不为人所知的部分"[21]。之所以重要，是因为该界面层展示了锂离子嵌入与脱出的可逆性和整个电池的反应动力学。然而，由于其特殊的化学性质、尚未明确的形成方式以及缺乏可靠的原位表征工具，目前来说，对 SEI 层形成原理和过程的精确表征依然难以实现[17]。

综上所述，在离子电池的实际工作过程中，离子电池的倍率性能、可逆容量和安全性十分依赖于 SEI 层的组成和稳定性。因此，均匀且稳定的 SEI 层的形成可以保证电极表面均匀的电流分布，并能够保护电极，使其不与电解质进一步反应，从而避免不必要的电解质消耗[22]。研究发现，SEI 层主要由电解质溶液在负电势下还原及分解的产物组成[23]。以传统锂离子电池电解质 $LiPF_6$-EC-DMC 为例，研究学者发现其可能的反应方程式包括[24]：

$$EC + e^- + Li^+ \longrightarrow (CH_2OCO_2Li)_2 + CH_2 = CH_2 \tag{2-1}$$

$$EC + e^- + Li^+ \longrightarrow LiCH_2CH_2OCO_2Li \tag{2-2}$$

$$DMC + e^- + Li^+ \longrightarrow CH_3 \cdot + CH_3OCO_2Li \, 和/$$
$$或 \, CH_3OLi + CH_3OCO \cdot \tag{2-3}$$

$$H_2O + e^- + Li^+ \longrightarrow LiOH + H_2 \tag{2-4}$$

$$LiOH + e^- + Li^+ \longrightarrow Li_2O + H_2 \tag{2-5}$$

$$H_2O + (CH_2OCO_2Li)_2 \longrightarrow Li_2CO_3 + CO_2 + (CH_2OH)_2 \tag{2-6}$$

$$CO_2 + e^- + Li^+ \longrightarrow Li_2CO_3 + CO \tag{2-7}$$

$$LiPF_6 + H_2O \longrightarrow LiF + HF + PF_3O \tag{2-8}$$

$$PF_6^- + e^- + Li^+ \longrightarrow LiF + Li_xPF_y \tag{2-9}$$

$$PF_3O + e^- + Li^+ \longrightarrow LiF + Li_xPOF_y \tag{2-10}$$

$$HF + (CH_2OCO_2Li)_2, Li_2CO_3 \longrightarrow LiF + (CH_2COCO_2H)_2, H_2CO_3 \tag{2-11}$$

由以上反应式可以看出，所形成的 SEI 层中包含 $(CH_2OCO_2Li)_2$、$LiCH_2CH_2OCO_2Li$、CH_3OCO_2Li、LiOH、Li_2CO_3、LiF 等物质，同时在 SEI 层形成的过程中会产生乙烯（C_2H_4）、氢气（H_2）和一氧化碳（CO）等气体。

通过对电解质的组分进行合理设计，如对其溶剂、锂盐、添加剂等进行改进，可以起到稳定 SEI 层的作用。例如，研究学者通过理论计算，探究了溶剂 EC 与 DMC 的相对比例对于最终 SEI 层组成的影响，发现 EC 溶剂可以在石墨电极的表面先形成 EC 自由基，进而形成碳酸盐。然而，当电解质中 EC 溶剂的含量相对较高时，由于电极表面被更多非溶剂化的 EC 分子覆盖，EC 被还原形成碳酸盐的反应受限，从而更容易形成较薄和致密的 SEI 膜[25]。此外，SEI 层中的物质 $CH_3CH_2OCO_2Li$ 和 CH_3CH_2OLi 可以溶于 DEC 溶剂中，因此在使用该溶剂组装的锂离子电池中无法形成稳定的 SEI 层[26]。而对于 1,3-二氧戊环（1,3-dioxolane，DOL）溶剂来说，由于其 SEI 层由 $CH_3CH_2OCH_2OLi$ 与含锂的低聚合物组成，具有较好的力学性能和稳定性，可以适应电极在充放电过程中的形貌变化，减少了 SEI 层的破裂与重新形成。实验发现，以 $LiAsF_6$-DOL 为电解质，锂电池的库仑效率可以高达 98%，表现出较好的循环寿命[27]。

此外，由于 SEI 层中的无机组分与盐密切相关，因此电解质中盐的选择能够显著影响 SEI 层的稳定性[28]。以锂离子电池为例，研究学者通过电化学阻抗谱（electrochemical impedance spectroscopy，EIS）技术原位研究 SEI 层的形成时发现，使用含有不同盐类的电解质组成的锂离子电池，产生的阻抗各不相同。其中，含有 $LiPF_6$ 的电解质阻抗最大，LiBOB 次之，而含有 $LiBF_4$ 的电解质阻抗最小[29]。这一现象归因于 $LiPF_6$ 对电解质溶剂的反应性最强，电解质溶剂的存在可以诱导和加速 $LiPF_6$ 分解为 LiF 和 PF_5。其中，产物 PF_5 不仅可以与电解质溶剂反应，而且还可以催化溶剂的聚合。因此，含 $LiPF_6$ 盐的电解质所形成的 SEI 层较厚且具有较高阻抗。然而，$LiPF_6$ 对水分较为敏感且热稳定性较差，在遇水和温度较高的条件下容易发生分解[30]。与此相比，LiTFSI 和 LiFSI 对水的敏感性较低，并且具有较高的热稳定性和电化学稳定性。但是，为了避免铝质集流体的溶解，LiTFSI 和 LiFSI 盐需要与 $LiPF_6$ 或其他氟化电解质共用[31,32]。例如，研究报道在 $LiPF_6$-EC-DMC 电解质中，分别加入 LiTFSI、LiFSI 和 LiFTFSI 三种酰亚胺盐，采用磷酸铁锂/石墨为电极组装锂离子电池，以探究添加盐对 SEI 层的成膜影响。在相同的实验条件下，600 圈循环后，添加 LiTFSI、LiFSI 和 LiFTFSI 的电池容量保持率分别为 98.1%、90.9% 和 86.3%，均高于无添加盐的容量保持率（79.6%）。这表明在酰亚胺盐的存在下所形成的 SEI 层，比无添加剂的电解质中形成的 SEI 层更为稳定[32]。

在电解质中引入添加剂，是改善离子电池中 SEI 层性能最经济有效的方法之一。通常，添加剂仅需少量加入（按重量或体积计，电解质中添加剂的含量不超过 5%），便能够显著影响电池性能，如促使石墨电极表面形成 SEI 层、减少 SEI 层形成过程中的不可逆容量和气体产生等[33]。添加剂的使用应满足以下要求：①添加剂在电解质中具有良好的化学稳定性；②添加剂应具有与主要溶剂相似的氧化电位，以免对正极产生影响；③添加剂应能够稳定 SEI 层[34]。

自 1997 年"功能性电解质（functional electrolytes）"商业化以来，已经发展了许多添加剂。例如共轭双键化合物［如碳酸乙醇酯（cathecohol carbonat）］、酰亚胺化合物、双键化合物［如乙酸乙烯酯（vinyl acetate，VA）、碳酸亚乙烯酯（vinylene carbonate，VC）、甲磺酸烯丙酯（allyl methanesulfonate，AMS）］和三键化合物［炔丙基甲磺酸盐（propargyl methanesulfonate，PMS）、炔丙基碳酸甲酯（propargyl methyl carbonate，PMC）］等[34]。按照作用机理不同，可以分为还原型添加剂和反应型添加剂[33]。其中，还原型添加剂通常比电解质溶剂具有更高的还原电位，在电解质溶剂还原之前，添加剂可以被还原，形成不溶性的固体产物，覆盖在石墨电极表面。还原型添加剂的使用可以减少电池充放电过程中气体的产生，并且可以提高 SEI 层的稳定性。根据添加剂反应类型的不同，还原型添加剂可分为可聚合单体和还原剂。碳酸亚乙烯酯（VC）是一种较为常见的可聚合单体式还原型添加剂，其在高于电解质溶剂和盐的电位下分解，在约 1.0 V 的电压下可以被还原，形成聚合物表面层，从而达到调控修饰 SEI 层的目的，增强了电池的循环稳定性和安全性[32]。与此机理类似的添加剂还包括碳酸乙烯基亚乙酯（vinyl ethylene carbonate）、碳酸烯丙乙酯（allyl ethyl carbonate）、乙酸乙烯酯（VA）等。然而，添加剂的引入应当适量。研究发现，适当添加 VC 有助于形成稳定的 SEI 层，而过量的 VC 则会导致电池循环效率降低和自放电速率增加，对锂离子电池的性能产生负面影响[33]。还原剂式还原型添加剂通过将其还原产物吸附到石墨电极的表面，以辅助 SEI 层的形成，这类添加剂主要为硫基化合物，如二氧化硫（SO_2）、二硫化碳（CS_2）、多硫化物等。然而，由于硫基化合物在有机溶剂中的可溶性以及在高电位下的阳极不稳定性，其添加量在实际应用时应受到严格的控制[33]。

与还原型添加剂不同，反应型添加剂不会在整个离子嵌入电位范围内被电化学还原，然而，它们能够清除自由基阴离子（溶剂还原的中间产物），或者与最终产物结合，以形成更稳定的 SEI 层组分。由于具有良好的共轭结构，反应型添加剂［如羧基苯酚（carboxyl phenol）、芳香族酯（aromatic esters）和酸酐（anhydride）等］能够通过自由基的离域，稳定 SEI 形成过程中的自由基阴离子。例如，碳酸邻苯二酚可以捕获较不稳定的自由基阴离子，形成更稳定的 SEI[33]。

通过添加剂之间的协同效应以稳定 SEI 层，被认为是一种有效改善离子电池性能的措施。例如，当同时使用 PMS 或者 PMC 与 VC 添加剂时，所组装的以石墨-钴酸锂为电极的锂离子电池，放电容量要比单独使用时更高。特别是在 PMS 和 VC 添加剂共用的情况下，电池的循环性能改善效果非常显著。通过对其形成的 SEI 层的厚度和形貌观察，可以发现其 SEI 层的厚度极薄且致密，从而改善了电池的放电和循环性能[34]。添加剂的作用越来越受到研究学者的重视，大量的新型添加剂材料正在被不断地探索和研发，其作用机制也逐渐丰富。

除了上述离子电池的电极-电解质界面稳定性对于电池性能的重要影响，电解质是离子电池中与电极材料直接接触的重要组成部分。电解质的合理设计，对于提高电极在电池工作过程中的体积稳定性、化学和电化学稳定性具有重要意义。其中，电极的体积稳定性会显著影响电池的循环寿命、输出功率等特性。然而，由于离子电池的工作原理，电极在循环过程中会发生离子的嵌入与脱出，从而发生严重的体积形变（如膨胀和收缩），这可能会造成活性材料的破裂，导致电极材料与集流体之间部分或完全分离，使活性材料损失。同时，还会不断暴露出新的电极表面，破坏 SEI 层的稳定性，降低离子电池的库仑效率、容量和循环寿命。

硅（Si）电极在离子电池中的体积膨胀问题尤为突出，该电极在离子嵌入和脱出过程中的体积变化率可达约 300%[35]。此外，需要注意的是，硅电极在传统有机溶剂中的稳定性较差。例如，在传统的 PC 有机溶剂中，由于锂离子会被 PC 分子包围形成稳定的结构，并包覆在电极上形成有机膜层，该膜层会干扰后续的电极反应，导致硅电极的合金化与去合金化反应仅在有限的区域中进行。最终造成电极塌陷和电隔离增强，加速了电池的容量衰减[36]。尽管存在以上问题，但由于硅电极材料极高的理论容量（约 $4200 \text{mA} \cdot \text{h} \cdot \text{g}^{-1}$）、丰富的储存资源和广阔的发展前景，仍吸引了广大研究学者的关注。

针对上述问题，可以通过向电解质中引入添加剂，以形成体积缓冲层或者更加稳定的 SEI 层，进而缓解硅电极在电解质中的体积稳定性问题。目前已发现的这类添加剂包括氟代碳酸乙烯酯（fluoroethylene carbonate，FEC）、碳酸亚乙烯酯（vinylene carbonate，VC）、双草酸硼酸锂（lithium bisoxalatoborate，Li-BOB）、琥珀酐（succinic anhydride）和亚甲基碳酸亚乙酯（methylene-ethylene carbonate）[37]。其中，氟化碳酸酯具有熔点低、氧化稳定性高和利于形成较稳定的 SEI 层等特点。此外，高盐-溶剂浓度比的电解质所含的游离态溶剂较少，有助于在电极表面形成坚固的钝化膜。基于以上考虑，可以使用含有氟化碳酸酯的高盐-溶剂浓度比的电解质，以提升硅电极的体积稳定性。例如，以高盐-溶剂浓度比的 LiFSI-氟代碳酸乙烯酯（FEC）-双 2,2,2-碳酸三氟乙酯（TFEC）为电解质，对硅电极在该电解质中生成的 SEI 层组成进行分析。研究表明，在此 SEI 层中不仅检测到了使用传统碳酸酯类电解质时的典型 SEI 层成分（$ROCO_2Li$、Li_2CO_3 和聚碳酸酯化合物），还存在着氧化乙烯基聚合物和硫基化合物。由于氧化乙烯基聚合物是一种高分子材料，质地较软，有助于缓解硅电极的体积膨胀效应，含硫的 LiFSI 也有助于形成更稳定的 SEI 层。基于以上优点，所组装的硅基锂离子半电池表现出较高的初始可逆容量（2644mA·h·g^{-1}）和较好的电池循环性能（300 圈循环的容量衰减率每次循环约 0.064%）。相比之下，使用传统 LiPF$_6$-EC-EMC 的电池容量在 60 圈循环后会快速下降（从 3084mA·h·g^{-1} 降至 658mA·h·g^{-1}）[38]。除此之外，受硅基电极合金化改善电极性能的启发，通过使用 M(TFSI)$_x$（M＝Mg、Zn、Al、Ca）作为电解质的添加剂，可以在电池充电过程中，促进非晶 Li-M-Si 三元相在电极表面上首先形成，该保护层有助于减少电极内部与电解质的副反应，从而稳定电极结构，限制了电极较大的体积变化。通过对比发现，使用 Mg（TFSI）$_2$ 为电解质添加剂时，由于镁的掺杂（平均每个硅可掺杂 0.09 个镁），硅电极在锂化过程中可以得到一层较为稳定的非晶 Li-Mg-Si 三元相，从而抑制硅基锂化合物和电解质溶剂之间的化学反应，提高电池的循环寿命。实验发现，以 Mg（TFSI）$_2$ 为电解质添加剂的硅基锂离子电池，可以稳定循环 270 圈[37]。

对电解质的合理设计与开发，不仅能够显著影响离子电池的性能，还是提高离子电池安全性的有效策略。近年来，国内外多起电动汽车和储能电站起火事故发生，造成严重财产损失，迫使人们开始对商业锂离子电池的安全性重新审视。锂离子电池的安全性问题与所使用的易燃、易挥发的有机溶剂电解质密切相关。这是由于一些极端的条件（如短路、过热或者过度充电），可能会引发电池中一系列放热反应的发生，如 SEI 层的分解以及电极与电解质之间的反应。如果整个电池所产生的热量大于能够被散发的热量，则多余的热量将会加速电池中各个反应的进行，从而导致电池温度和压力迅速升高，这一现象称作"热失控"。当电池的压力达到电池排气口的阈值时，会从排气口喷出温度较高且易燃的电解质蒸气，若与空气中的氧气相遇，很可能会发生燃烧甚至爆炸[39]。因此，液态电解质中有机溶剂的可燃性是备受人们关注的问题，对于不可燃电解质的开发迫在眉睫。

阻燃电解质的研发与使用，是目前提高离子电池安全性最经济有效的方法之一，受到学术界和产业界的广泛重视。阻燃电解质通常是在常规电解质中加入阻燃添加剂制备而成，该物质可使电解质具有阻燃功效，主要包括有机磷化物（如磷酸盐、亚磷酸盐、磷酰胺、磷腈等）和氟化物等。然而，阻燃添加剂的引入在改善电解质阻燃性的同时，有时会给电池的性能带来不利的影响。例如，在离子电池的充电过程中，磷化物可能会共嵌入电极（特别是石墨电极）的层状结构中，并导致电极剥落。因此，磷化物与电极的相容性较差[40]。为了缓解这一问题，可以向电解质中引入碳酸亚乙烯酯（VC）、碳酸乙烯亚乙酯（VEC）和环己烷（CH）添加剂，以稳定电极结构[17]。除此之外，通过适量提高电解质中所溶解盐的比例，和使用含有较大阴离子的溶解盐［如，LiN（SO$_2$C$_2$F$_5$）$_2$ 对于磷酸三甲酯（TMP）在石墨表面的稳定性优于 $LiPF_6$]，同样可以提高基于磷化物电解质的电池稳定性[41]。实验表明，以 $1.0mol \cdot L^{-1} LiN(SO_2F)_2$-TMP 为电解质，由于溶剂的共嵌入导致石墨电极剥落，离子电池性能极差。与此相比，提高溶解盐的比例至 $5.3mol \cdot L^{-1}$ 时，由于浓缩电解质能够在石墨上形成均匀而坚固的保护膜，石墨电极在所制备的浓缩电解质中实现了稳定的充放电。以 $C/5$ 倍率进行 1000 圈的半电池循环测试（相当于 13 个月以上），发现几乎没有容量衰减，平均库仑效率可达 99.6%。同时，以该浓缩电解质组装的 $LiNi_{0.5}Mn_{1.5}O_4$-石墨锂离子电池在 100 圈充放电循环（$C/5$）后，库仑效率依然保持为 99.2%[39]。

氟化物溶剂是另一类常用的阻燃添加剂，具有较高的闪点（flash point, FP）甚至无闪点[38]。与此相比，常见的碳酸酯类溶剂（如碳酸二甲酯、碳酸甲乙酯和碳酸二乙酯）的闪点接近于室温（16～33℃）[10,33]。因此，氟化物溶剂的使用可以有效地提高离子电池的安全性。例如，由于氟原子的引入，碳酸氟亚乙酯（fluoroethylene carbonate, FEC）的易燃性明显低于其他常见的环状碳酸酯如 EC 和 PC。通过对常用的 $LiPF_6$-EC-EMC 和 LiFSI-FEC-TFEC（双 2, 2, 2-碳酸三氟乙酯，di-2, 2, 2-trifluoroethyl carbonate）进行易燃性测试发现，$LiPF_6$-EC-EMC 电解质在遇火后会迅速着火，而 LiFSI-FEC-TFEC 电解质不能被点燃，因而可以大大提高电池的安全性[38]。此外，如前所述，FEC 作为添加剂有助于形成稳定的 SEI 层，FEC 与磷化物溶剂的混合使用可以获得具有安全性且 SEI 层稳定的高性能电解质材料。实验表明，对磷化物溶剂 TMP 与 FEC 混合后所得的电解质进行点燃实验，发现该电解质无法点燃，表现出出色的阻燃性。以该电解质组装钠离子电池，在 $50mA \cdot g^{-1}$ 的电流密度下具有 $489mA \cdot h \cdot g^{-1}$ 的初始可逆容量，在 50 圈循环后可以保持约 $300mA \cdot h \cdot g^{-1}$ 的容量[42]。此外，对磷酸三乙酯（TEP）与 FEC 混合制备的电解质进行易燃性测试表明，该电解质表现出良好的阻燃性，可以显著提高电池安全性。以 $Na_3V_2(PO_4)_3$ 作为钠离子电池的正极和负极，以 $NaClO_4$-TEP-FEC 为电解质组装对称式钠离子电池，在 500 圈循环后，电池容量保持率为 88.9%[43]。

在电解质中加入阻燃添加剂虽然可以获得一定的阻燃效果，但是由于电解质中的溶剂本质仍然是易挥发、易燃的有机溶剂，因此，含有阻燃添加剂的有机溶剂电解质，依然存在安全隐患。这一问题促使研究学者不断地开拓思维，开发新型的不可燃电解质材料。近期对于超浓缩电解质的关注，将人们的目光聚焦于高盐-溶剂比的电解质材料的可燃性研究。实验发现，以传统碳酸酯类溶剂制备的 $NaPF_6$-EC-DEC 电解质的闪点约为 37.5℃，对于室温工作的离子电池来说，具有较大的安全隐患。而与此相比，以 NaN（SO$_2$F）$_2$ 为溶解盐和磷酸三甲酯（TMP）为唯一溶剂所制备的浓缩电解质（盐与溶剂摩尔比为 1∶1.8），闪点高于 200℃，且在 150℃下的质量损失仅为 1.2%（质量分数），显示出优异的阻燃效果[39]。该浓缩电解质明显提高了离子电池安全性。此外，TMP 溶剂的氧化稳定性较高，且由于阴阳离子之间较弱的相互作用，NaN（SO$_2$F）$_2$ 溶解盐具有较好的离子迁移能力。以上特性均有利于该浓缩电解质在实际生产生活中的应用。但是，浓缩电解质也存在黏度较高［如 3.3mol·L^{-1}NaN(SO$_2$F)$_2$-TMP 电解质的黏度为 72 cP，约为所对应的 1mol·L^{-1} 电解质的 14 倍（5.2cP）[39]］、成本高和对较厚电极的润湿性差等缺点[44]。为了减少这些缺点对电池性能的影响，使用一种惰性溶剂对浓缩电解质进行稀释，即制备局部浓缩电解质，是一种有效的应对策略。在充满氩气的手套箱中，通过将适量的双氟磺酰亚胺锂 [lithium bis（fluorosulfonyl）imide，LiFSI] 溶解在磷酸三乙酯（triethyl phosphate，TEP）和双（2,2,2-三氟乙基）乙醚稀释剂 [bis（2,2,2-trifluoroethyl）ether，BTFE] 混合而成的溶剂中，可以得到一种局部浓缩电解质。在提高电池安全性的基础上，该电解质的黏度较小（约为 2.9cP），当以硅-LiNi$_{0.3}$Mn$_{0.3}$Co$_{0.3}$O$_2$ 为电极时，锂离子电池在 C/2 倍率下具有较好的循环稳定性（经过 600 圈循环，容量保持率在 90% 以上）[35]。

  与有机溶剂相比，水系电解质具有安全性高、离子电导率高、成本低、环境友好等优点，有利于构建安全可靠的离子电池。1994 年，科学家首次使用 LiMn$_2$O$_4$-VO$_2$ 电极材料和 LiNO$_3$ 电解质，制备了第一个水系可充锂离子电池，可以产生 75W·h·kg^{-1} 的能量密度[45]。自此，水系可充锂离子电池系统被认为是一种有前途的储能器件，受到了广泛的关注。基于水系电解质的锂离子电池的工作机理与基于有机电解质的锂离子电池类似，"摇椅"概念在水系介质中被成功应用。

  虽然使用水系电解质可以提高离子电池的安全性，但是水系离子电池也同样面临一系列的问题与挑战。电极材料在水溶液中的化学稳定性，是水系电解质中需要关注的一个首要问题。通常来说，电极材料在水系电解质中的化学和电化学反应过程，比有机电解质中更为复杂。这是由于水系电解质中涉及许多副反应的发生，包括电极材料与水或氧气之间的反应、电极材料中锂离子与质子的共嵌入、氢气或氧气析出反应，以及电极材料在水中的溶解[46]。早期发展的水系锂离子电池，大多基于 VO$_2$-LiMn$_2$O$_4$、LiV$_3$O$_8$-LiNi$_{0.81}$Co$_{0.19}$O$_2$、LiV$_3$O$_8$-LiCoO$_2$、TiP$_2$O$_7$-LiMn$_2$O$_4$ 和 LiTi$_2$(PO$_4$)$_3$-LiMn$_2$O$_4$ 电极，具有较差的循环稳定性，在 100 圈循环后容量保持率通常小于 50%[46]。因此，研究学者致力于通过探索新型电极材料，延长水系电解质锂离子电池的寿命。

电极材料的创新与设计需要相应的理论指导。电极材料在水系电解质中的热力学关系有助于评估电极的稳定性，下列反应式(2-12)和式(2-14)为电极材料在水系电解质中可能存在的反应[46]。

若考虑电极材料在氧气和水中的稳定性，锂离子嵌入型化合物可能会发生以下反应：

$$Li + 1/4O_2 + 1/2H_2O \rightleftharpoons Li^+ + OH^- \qquad (2-12)$$

经计算，锂离子嵌入型电极材料的电压 $[V(x)]$ 与电解质 pH 值的关系如下：

$$V(x) = 4.268 - 0.059pH \qquad (2-13)$$

若考虑电极材料在没有氧气情况下的稳定性，锂离子嵌入型化合物可能会发生以下反应：

$$Li + H_2O \rightleftharpoons Li^+ + OH^- + 1/2H_2 \qquad (2-14)$$

经计算，锂离子嵌入型电极材料的电压 $[V(x)]$ 与电解质 pH 值的关系如下：

$$V(x) = 3.039 - 0.059pH \qquad (2-15)$$

由公式(2-13)和公式(2-15)可知，水系电解质的 pH 值会显著影响离子电池中电极材料的使用电压[46]。由公式(2-13)可知，在 pH=7 时，电压为 3.86V；在 pH=13 时，电压为 3.50V。然而，当用作水系锂离子电池的负极材料时，锂离子的嵌入电势通常低于 3.3V (vs. Li^+/Li)。这意味着若考虑电极材料在氧气和水中的稳定性，理论上，大多数负极材料的还原态都会被氧气和水氧化。若只考虑电极材料在没有氧气情况下的稳定性，由公式(2-15)可以发现，水的存在依然可能会使某些负极材料氧化[46]。综上所述，从理论上讲，在特定的电解质 pH 值下，可以通过计算确定锂离子嵌入型电极材料的稳定性，并且还可以通过调节电解质的 pH 值以确保电极的稳定性。例如，$LiMn_2O_4$ 中的锂离子可以在 pH=7 的条件下完全脱出，但是在 pH>9 的条件下，只有一半的锂离子能够在氧气逸出之前脱出。$LiFePO_4$ 可以在 7～14 的 pH 值范围内使用。然而，需要注意的是，$LiFePO_4$ 在强碱条件下会发生分解，因此，可以通过碳涂层包覆提高 $LiFePO_4$ 电极材料的稳定性。以 $LiTi_2(PO_4)_3$-碳包覆 $LiFePO_4$ 为电极、Li_2SO_4 为电解质，结合消除氧气和调节电解质 pH 值的措施，锂离子电池表现出了良好的循环稳定性，在 1000 圈循环后其容量保持率可达 90%[46]。

与负极材料不同，正极材料通常在水系电解质中较为稳定。然而，值得注意的是，在水系电解质中，质子可能会伴随着锂离子共嵌入电极材料中。通常，质子的嵌入取决于电极材料的晶体结构和电解质的 pH 值。例如，尖晶石结构的 $Li_{1-x}Mn_2O_4$ 和橄榄石结构的 $Li_{1-x}FePO_4$ 不会发生质子嵌入，而对于去锂化的层

状 $Li_{1-x}CoO_2$、$Li_{1-x}Ni_{1/3}Mn_{1/3}Co_{1/3}O_2$ 材料，在较低 pH 值的电解质中进行锂离子的嵌入和脱出过程中，其晶格会显示出高的质子浓度。这一问题可以通过调节电解质的 pH 值，以调节质子的嵌入电势解决。例如，$LiCo_{1/3}Ni_{1/3}Mn_{1/3}O_2$ 在 pH>11 的电解质中，以及 $LiCoO_2$ 在 pH 值高于 9 的电解质中，可以进行稳定的锂离子嵌入[46]。

除了水系电解质中电极的稳定性，另一个需要关注的问题是该电解质的电压窗口较窄。基于热力学理论，水系电解质的稳定工作电压窗口约为 1.23V，高于此电压时，水会由于电解而产生氢气和氧气析出[46]。通过调控动力学过程可将该工作电压稳定性极限值扩展至 2V（如铅酸电池的输出电压可为 2V）。但是，与非水系电解质相比（>3V），该电压值仍然相对较小。因此，基于水系电解质的锂离子电池能量密度，通常不如有机电解质高[8]。直到 2015 年，研究学者成功制备了"盐包水"电解质，将水系电解质的电化学稳定窗口扩展至约 3.0 V（相对于 Li^+/Li），在水系锂离子电池的开发创新方面迈出了革命性的一步[47]。"盐包水"电解质是一种溶解盐的质量和体积均高于该二元体系中的溶剂所组成的一种电解质材料。将双三氟甲基磺酰亚胺锂（LiTFSI）与水共混，当盐的质量摩尔浓度高于 $5mol \cdot kg^{-1}$ [mol 盐·（kg 溶剂）$^{-1}$] 时，即形成了"盐包水"电解质。利用分子动力学模拟研究溶液结构与电化学性质之间的关系发现，使用稀溶液电解质（质量摩尔浓度≤$5mol \cdot kg^{-1}$）时，锂离子在溶剂化鞘层中保持良好的水合态，并具有足够的游离水。在该电解质中，负极的锂化电位低于水的还原电位，这将导致水的优先还原和持续的氢气析出，从而阻止电极的锂离子嵌入和 $TFSI^-$ 的还原。然而，随着 LiTFSI 的质量摩尔浓度增至 $20mol \cdot kg^{-1}$ 以上，根据分子动力学模拟预测，平均每个锂离子溶剂化鞘有两个 $TFSI^-$，从而有助于实现以 $TFSI^-$ 还原为主的反应。根据密度泛函理论计算分析发现，随着盐浓度的增加，TFSI 的导带最小值和水的价带最大值均移至较低电势，在质量摩尔浓度高于 $20mol \cdot kg^{-1}$ 时，这种趋势将使得 $TFSI^-$ 优先发生还原反应（与水相比）。该还原过程可促使足够的 LiF 生成，以形成阳极电解质中间层，从动力学上防止水和 $TFSI^-$ 持续还原，该过程与在非水电解质中形成的 SEI 层机理相似。因此，"盐包水"电解质的研究为水系电解质的电解质中间层的形成开辟了新途径。使用该"盐包水"电解质组装的锂离子电池，具有约 2.3V 的电压和稳定的循环性能，在循环 1000 圈后其库仑效率仍接近 100%[47]。自此，"盐包水"电解质受到了研究学者的广泛关注，不同种类的"盐包水"电解质被不断地应用于锂离子电池、钠离子电池、钾离子电池等领域。例如，以三氟甲基磺酸钠（$NaCF_3SO_3$，NaOTf）制备"盐包水"电解质，具有从 1.7~4.2V 的稳定电化学窗口（2.5V），该电解质可以抑制负极的氢气析出，并形成钠离子基 SEI 层。

所组装的钠离子电池在 350 圈循环后仍具有 99.7%（0.2C）的库仑效率，并具有优异的长时间循环稳定性（1200 圈循环，1C）[48]。此外，质量摩尔浓度为 30mol·kg^{-1} 的乙酸钾"盐包水"电解质具有 3.2V 的电化学窗口，所组装的钾离子电池在 11000 圈循环后，其容量保持率为 69%[49]。

此外，水与其他溶剂的共混可以在一定程度上解决水系电解质电压较低的问题。将相同质量的质量摩尔浓度为 7mol·kg^{-1} 的三氟甲基磺酸钠（NaOTf）-水组成的"盐包水"电解质，与 8mol·kg^{-1} 的 NaOTf-碳酸丙烯酯（PC）混合制备电解质，该混合电解质具有较宽的电化学稳定窗口（2.8V）。通过拉曼光谱分析发现，该混合电解质的 SO_3 拉伸峰具有明显的蓝移现象，表明与低浓度的电解质和"盐包水"电解质相比，该电解质的接触离子对和聚集的阳-阴离子对比例增加，这种增强的阳-阴离子缔合作用有利于在电极-电解质界面形成稳定的中间层。以该混合电解质组装的钠离子电池在 10C（1.2A·g^{-1}）的电流下可稳定循环 100 圈[50]。在这里还需要提到一个概念，即深共晶溶剂（deep eutectic solvent，DES），该溶剂是一种由阴离子路易斯（Lewis）酸或布朗斯特（Brønsted）酸与阳离子碱的共晶混合物形成的离子型溶剂。深共晶溶剂能够以混合物的形式掺入一种或多种化合物，以产生比其中任一种组分都低得多的低熔点共晶。其中，Lewis 或 Brønsted 酸的成分在原则上可以是任何阳离子，如铵离子、磷或金属离子，Lewis 酸通常是卤化物阴离子，第三组分可以与阴离子和/或阳离子配位形成配合物。甲基磺酰甲烷（methylsulfonylmethane，MSM）由于其较大的介电常数和偶极矩，是低极性化合物的理想溶剂[51]。以 LiClO$_4$-MSM-H$_2$O 制备深共晶溶剂电解质，实验发现，当 MSM：LiClO$_4$：H$_2$O＝1.8：1：1（摩尔比）时，该电解质可以产生约 3.5 V 的电化学稳定窗口，并且通过增加电解质中水的比例可以提高其离子电导率，同时降低电解质的黏度。将该电解质与 LiMn$_2$O$_4$-Li$_4$Ti$_5$O$_{12}$ 电极组装成锂离子电池，可以获得大于 160W·h·kg^{-1} 的能量密度和较好的容量保持率（在 1000 圈循环之后保持 72.2% 的容量）。该研究为探索离子电池领域的高性能、高安全性电解质体系提供了新的途径[51]。

对于高安全性离子电池的追求，促进了本质上不可燃电解质的发展，因此，室温离子液体电解质引起了研究学者的广泛关注。室温离子液体是指在室温或室温附近的温度下呈液态，由离子构成的物质。通常，室温离子液体由有机阳离子和无机或有机阴离子构成，常见的阳离子包括季铵盐离子、季膦盐离子、咪唑盐离子和吡咯盐离子等，阴离子包括四氟硼酸根离子（BF$_4^-$）、三氟甲基磺酰基离子（NTf^{2-}）、六氟磷酸根离子（PF$_6^-$）、卤素离子等。室温离子液体具有蒸气压低、不挥发、不可燃、电化学窗口宽（＞4V）等优点[52]。此外，离子液体还具有良好的热稳定性，能显著提高离子电池的安全性。例如，由1-乙基-3-甲基咪唑鎓四氟硼酸酯（1-ethyl-3-methylimidazolium tetrafluoroborate，$EMIBF_4$）与四氟硼酸锂盐（$LiBF_4$）制备而成的离子液体（$[Li^+][EMI^+][BF_4^-]$），在300℃时仍可保持热稳定性[53]。由双三氟甲基磺酰亚胺锂盐（LiTFSI）与 N-正丁基-N-乙基吡咯烷鎓双三氟甲基磺酰亚胺 [N-n-butyl-N-ethylpyrrolidinium bis (trifluoromethanesulfonyl) imide，$BEPyNTf_2$] 制备而成的离子液体（$[Li^+][BEPy^+][NTf_2^-]$），其热稳定性可达368℃[54]。

然而，离子液体电解质在离子电池中的应用同样存在挑战，其中，离子液体较高的黏度是人们关注的问题之一。通常，水在25℃时的黏度为0.89 cP（1cP＝1mPa·s），离子液体的黏度远高于水的黏度 [室温下为数十甚至数百厘泊（cP）][52]。离子电池中，离子液体通常与盐类共混作为电解质，因而进一步增加了电解质的黏度。此外，对于常用的浆料涂布法制备的电极材料来说，特别是对于较厚的电极，较高的电解质黏度会影响电极与电解质之间的接触，从而导致电池性能下降。同时，黏度过大还会影响电解质中离子的传导能力。一般而言，非质子室温离子液体在室温下的离子电导率在 $10^{-4} \sim 10^{-2} S \cdot cm^{-1}$ 的范围内。例如，基于 $[EMI^+]$ 阳离子的室温离子液体的离子电导率约为 $10mS \cdot cm^{-1}$，基于吡咯烷鎓（pyrrolidinium）或哌啶鎓（piperidinium）等阳离子的室温离子液体具有 $1 \sim 2mS \cdot cm^{-1}$ 的离子电导率[52]。在离子液体中加入盐，会增加电解质的黏度和电解质中离子对的形成，从而降低电解质的离子电导率[54]。研究对比了四种离子液体与LiTFSI锂盐共混后的电解质材料的黏度和离子电导率特性。这四种离子液体分别为 N-丁基-N-甲基吡咯烷鎓双三氟甲基磺酰亚胺 [N-butyl-N-methylpyrrolidinium bis (trifluoromethanesulfonyl) imide，$Pyr_{14}TFSI$]、N-丁基-N-甲基吡咯烷鎓双氟磺酰亚胺 [N-butyl-N-methylpyrrolidinium bis (fluorosulfonyl) imide，$Pyr_{14}FSI$]、N-甲氧基-乙基-N-甲基吡咯烷鎓双三氟甲基磺酰亚胺 [N-methoxy-ethyl-N methylpyrrolidinium bis (trifluoromethane-sulfonyl) imide，$Pyr_{12O1}TFSI$] 和 N,N-二乙基-N-甲基-N-(2-甲氧基乙基) 双三氟甲基磺酰亚胺 [N,N-diethyl-N-methyl-N-(2methoxyethyl) ammonium bis (trifluoromethanesulfonyl) imide，DEMETFSI]。研究发现 $Pyr_{14}FSI$-LiTFSI电解质具有最高的离子电导率（$15mS \cdot cm^{-1}$，60℃），且具有最低的黏度（1573cP，-30℃），而DEMETFSI-LiTFSI电解质的离子电导率相对较低（$7mS \cdot cm^{-1}$，60℃），且具有最高的黏度（$15565mS \cdot cm^{-1}$，-30℃）。在一定的温度范围内和特定的工作条件下，离子电导率在一定程度上会受到黏度的影响。通过上述研究，选用离子电导率和黏度性能最佳的 $Pyr_{14}FSI$-LiTFSI电解质，并且以锡-碳纳米复合材料和 LiFePO$_4$ 为电极材料，所组装的锂离子电池表现出了优异的循环寿命，可稳定循环工作 2000 圈[55]。

具体而言，公式（2-16）和式（2-17）分别展示了离子液体电解质的黏度（η）和电导率（σ）与温度（T）的关系[55]。研究表明，该关系曲线与阿伦尼乌斯（Arrhenius）曲线的线性行为略有偏离，但是可以用沃格尔-塔曼-富尔彻（Vogel-Tammann-Fulcher，VTF）模型进行描述，特别是在低温下。

$$\sigma(T) = \sigma_\infty \exp\left[-\frac{E_{a\sigma}}{k_B(T - T_0)}\right] \qquad (2\text{-}16)$$

$$\eta(T) = \eta_\infty \exp\left[-\frac{E_{a\eta}}{k_B(T - T_0)}\right] \qquad (2\text{-}17)$$

式中，T_0 表示校正参数，单位为 K，称作零构型熵，与每种离子液体的玻璃化转变温度（T_g）相关，通常比 T_g 低约 30K；σ_∞ 表示在无限温度下的离子电导率，S·cm^{-1}；η_∞ 表示最大的动态黏度，mP·s；$E_{a\sigma}$ 表示离子传导的活化能 eV；$E_{a\eta}$ 表示动态黏度活化能 eV；k_B 表示玻尔兹曼常数，8.62×10^{-5} eV·K^{-1}。

研究学者对电解质的密度（ρ）和温度的关系进行研究发现，随着温度的升高，密度呈线性关系降低，如公式（2-18）所示，其中 A 和 B 是拟合参数[56]。

$$\rho = A + BT \qquad (2\text{-}18)$$

基于密度值，可得到摩尔浓度，根据瓦尔登（Walden）法则可以将摩尔离子电导率和黏度与温度常数（K）相关联，以定性评估电解质的离子解离度或电离度，如下式所示[56]：

$$\Lambda\eta = K \qquad (2\text{-}19)$$

式中，Λ 表示摩尔离子电导率，是离子电导率（σ）与摩尔浓度的比值，该摩尔浓度是密度（ρ）与式量的比值。该关系式适用于电解质具有低黏度和高电导率的理想情况。但是，实际应用中会存在与瓦尔登线性拟合不相符的情况，可由下式修正[56]：

$$\Lambda\eta^\alpha = K \qquad (2\text{-}20)$$

式中，α 为去耦常数，数值介于 0～1 之间。

除了不同的离子液体溶剂对电解质体系黏度和离子电导率的影响，使用不同的溶解盐也会造成不同程度的影响。例如，分别使用 NaClO$_4$、三氟甲基磺酰亚胺钠（NaTFSI）和双氟磺酰亚胺钠（NaFSI），将其溶解在 1-丁基-1-甲基吡咯烷鎓双三氟甲基磺酰亚胺（BMPTFSI）中，制备得到三种离子液体电解质。研究发现，NaClO$_4$-BMPTFSI 电解质的黏度最低（166.3cP），离子电导率最佳（1.7mS·cm^{-1}），NaTFSI-BMPTFSI（224.6cP，1.29mS·cm^{-1}）和 NaFSI-

BMPTFSI（191.5cP，1.42mS·cm^{-1}）电解质的黏度和离子电导率性能均低于 NaClO$_4$ 基电解质[57]。除了电解质的离子电导率，对于具体的电池，电解质的工作环境各不相同，电解质的稳定性也会面临不同的挑战，并最终影响电池的性能。对于上述 NaClO$_4$-BMPTFSI 电解质，根据 X 射线光电子能谱（XPS）分析，发现电解质中存在 Cl$^-$ 还原产物。在还原过程中形成的反应中间相，会对 TFSI$^-$ 中 C—F 键进行亲核攻击，TFSI$^-$ 可能分解生成 F$^-$，从而与 Na$^+$ 结合形成 NaF。而对于 NaFSI-BMPTFSI 和 NaTFSI-BMPTFSI 电解质，上述 NaClO$_4$ 的还原反应无法发生。根据 XPS 分析结果推测，TFSI$^-$ 发生了 N—S 键的断裂，生成了 CF$_3$SO$_3$N$^-$、CF$_3$SO$_2$N$^-$SO$_2$、NSO$_2$$^-$ 产物，这些有机化合物有利于提高电池的循环性能。同时，NaFSI 盐的使用有助于形成稳定的正极电解质界面层和 SEI 层。基于以上分析，以 Na$_{0.6}$Co$_{0.1}$Mn$_{0.9}$O$_{2+z}$ 为正极、金属钠为负极、NaFSI-BMPTFSI 为电解质，组装的钠离子半电池表现出最佳的循环性能，在 500 圈循环后仍具有 90% 的容量保持率[57]。

大多数离子液体具有较小的介电常数（与极性有机溶剂相比）[36]。例如，有机溶剂碳酸丙烯酯（PC）在室温下的相对介电常数约为 65，在锂离子存在的情况下，由于溶剂化作用，锂离子易被 PC 分子包围形成稳定的壳状溶剂化构型[58]。与此相比，基于 1-乙基-3-甲基咪唑鎓阳离子（EMI$^+$）和基于双三氟甲基磺酰亚胺阴离子（NTf$_2$$^-$）的离子液体，在室温下的相对介电常数在 10～40 范围内[59]。因此，对于离子液体电解质来说，尽管锂离子会通过库仑相互作用与阴离子发生溶剂化作用，但是由于它们的介电常数较小，锂离子和离子液体的阴离子组成的溶剂化基团很容易被电离，从而获得更加平稳的离子迁移，有利于提升离子电池的性能[36]。这一特性被研究学者用于提高离子电池中硅电极的稳定性。以 1-甲氧基乙氧基甲基（三正丁基）季鏻基阳离子 [1-methoxyethoxymethyl（tri-n-butyl）phosphonium，MEMBu$_3$P$^+$] 和双三氟甲基磺酰胺阴离子 [bis（trifluoromethanesulfonyl）amide，TFSA$^-$] 组成的离子液体为电解质，对硅电极的稳定性进行研究发现，循环过程中，MEMBu$_3$P$^+$ 离子堆积在硅阳极的表面以补偿电荷，形成亥姆霍兹（Helmholtz）层；锂离子与两个 TFSA$^-$ 阴离子在亥姆霍兹层的表面形成一层负电荷簇 [Li（TFSA）$_2$]$^-$。锂离子在与硅电极进行电极反应时，需要先通过去溶剂化以电离 [Li（TFSA）$_2$]$^-$。离子液体更容易发生去溶剂化，有助于电解质和硅电极之间保持良好的电接触，从而促进电极反应的有效进行。基于以上特点，硅基电极表现出了较好的初始放电容量（3450mA·h·g^{-1}）和循环性能。与此相比，在使用传统 LiClO$_4$-PC 电解质时，硅电极的放电容量会随着循环次数的增加而急剧下降，在第 60 圈循环时容量仅为 200mA·h·g^{-1}[36]。然而，需要注意的是，由于在离子液体电解质中，去溶剂化更易进行，该现象可能会导致离子电池中缺乏有效的 SEI 层。例如，对于石墨电极来说，由于电极表面缺乏稳定的 SEI 层，锂离子可能会与有机阳离子共嵌入石墨晶格中，造成电极失效[60]。因此，将有机溶剂与离子液体共混形成复合电解质体系，可以一定程度解决以上问题，目前已经发展了多种溶剂共混的电解质材料[61,62]。

然而，离子液体的高成本制约着该类型电解质在实际中的广泛应用。为了克服以上液态电解质的问题与挑战，半固态/固态电解质的深入开发与研究应用，被认为是从根本上提升离子电池安全性的必由之路。

2.2
半固态/固态电解质

随着科学技术发展，人类社会逐渐进入万物互联和智能化的时代，一些新兴的电子科技产品为人类生活提供了极大的便利。柔性电子显示屏、柔性电子皮肤以及其他柔性可穿戴、可携带电子设备的研发与革新方兴未艾。图 2-2 展示了一些常用电子产品的发展历史[63]，可以看出，如今电子器件的发展趋向重量轻、尺寸小、可携带、可弯曲、可穿戴等。目前，华为 （Mate Xs）、摩托罗拉 （Razr）、三星 （Galaxy Fold，Galaxy Z Flip） 和柔宇 （Royole FlexPai） 等公司，已成功生产出可折叠手机，并投入市场。在引发消费变革的同时，也激起了广大科研工作者的研究兴趣。作为电子器件柔性化、便携化革命的核心单元，柔性、可携带储能器件的发展至关重要。其中，离子电池是一种历史悠久、技术成熟的电池体系，其柔性化和便携化的实现是柔性储能领域全面创新发展的有力驱动。

与使用液态电解质的电池类似，柔性和便携式离子电池依然是基于电解质中的离子传输，以及离子在电极处的嵌入与脱出，实现能量储存与释放。然而，其特殊的功能化需求对电解质材料的使用提出了新的要求。传统的液态电解质存在易挥发、易燃、易泄漏、不安全等问题，不利于柔性和便携式离子电池的发展。为了解决这一问题，发展了半固态/固态电解质，以替代传统的液态电解质。该电解质不仅可以作为传导离子的介质，还可以充当正极和负极之间的隔膜，有望从根本上解决离子电池的漏液、挥发等安全性问题，具有广阔的发展前景，吸引了学术界和工业界的广泛关注和研究。

总体而言，作为柔性、便携式电池的重要组成部分，半固态/固态电解质需要具有以下特性：①高的离子电导率，以实现电池的快速充放电；②极低的电子

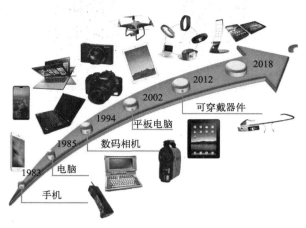

图 2-2　常用电子产品的发展历史示意图[63]

传导率，以防止电池短路问题；③宽的电化学窗口，以满足大的电池工作电压的要求；④与电极之间不发生反应，以避免自放电现象，延长电池寿命；⑤较好的热稳定性和力学稳定性，以保持电解质的完整性，且避免电极短路；⑥安全无污染，以满足可持续循环利用，有助于构建绿色社会。用于离子电池的半固态/固态电解质，大致可分为聚合物电解质和无机电解质两种类型。如前所述，聚合物电解质通常由聚合物基体和离子传输介质（如导电盐和/或溶剂）组成，分为固体聚合物电解质（SPE）和凝胶聚合物电解质（GPE）。常用于离子电池的聚合物基体包括聚氧化乙烯（PEO，或称聚氧化乙烯）、聚乙二醇（PEG）、聚丙烯腈（PAN）、聚氯乙烯（PVC）、聚偏氟乙烯（PVDF）、聚偏氟乙烯-六氟丙烯（PVDF-HFP）、聚甲基丙烯酸甲酯（PMMA）、聚环氧丙烷（PPO）以及它们的共聚物或共混物[64,65]。

　　固体聚合物电解质是离子电池中常用的半固态聚合物电解质，由聚合物基体和碱金属盐组成，具有无泄漏、低易燃性、良好的柔韧性、安全性以及与电极之间接触稳定的优势。近年来，已经发展了多种基于不同聚合物基体的固体聚合物电解质，例如 PEO、聚碳酸酯、聚硅氧烷和塑料晶体等[66]。其中，PEO 被认为是最有前途的 SPE 聚合物基体材料。早在 1973 年，莱特（Wright）等研究学者首次报道了具有离子传导性的 PEO 基固体聚合物电解质[67]。自此，以 PEO-LiX 为电解质的聚合物锂电池引起了广泛的研究兴趣，对于该电解质的离子传导机制的探索也在不断深入。由于锂离子与 PEO 的醚氧原子之间的耦合作用，PEO 呈现典型的半结晶态，目前普遍认为，PEO-LiX 中阳离子的迁移与 PEO 分子链段的运动有关，其分子链段可以与锂离子配合。在电场的作用下，随着分子的热运动，锂离子不断地与醚氧原子发生配位和解离，从而实现了锂离子的定向迁移[1,66]。

由于上述特定的离子迁移机制，PEO 基 SPE 中的离子迁移依赖于聚合物分子链段的运动（目前普遍认为是在高于玻璃化转变温度以上的分子链段的运动）[68]，随着温度的降低和结晶度的增加，该链段运动将迅速减弱。因此，PEO-LiX 电解质在室温条件下具有较差的离子电导率（$10^{-8} \sim 10^{-7}$ S·cm^{-1}）[69]。电解质的离子电导率会显著影响离子电池的电压、倍率、电池效率、功率和能量输出等性能。研究学者采取了许多方法提升固体聚合物电解质的离子电导率，如向聚合物电解质体系中添加氧化物陶瓷或者锂基纳米固态电解质颗粒物质、对聚合物进行改性和添加增塑剂等。以上方法可以降低 PEO 的结晶度，以促进分子链段运动，使其非结晶相在低温下稳定存在，从而有效提高电解质的离子电导率[66]。研究表明，向 PEO 基固体聚合物电解质中加入氧化物陶瓷颗粒（如 Al_2O_3、TiO_2、SiO_2 和 ZrO_2）[70]、有机聚合物球[71] 或者锂基固态电解质颗粒［如 $Li_7La_3Zr_2O_{12}$（LLZO）[72]］可以提高其离子电导率。例如，在没有颗粒添加物的情况下，PEO-LiClO$_4$ 固体聚合物电解质的离子电导率约为 2×10^{-8} S·cm^{-1}；向该电解质中添加 10%（质量分数）的 TiO_2 颗粒，其离子电导率可提高约 1000 倍（2×10^{-5} S·cm^{-1}）[73]。在 PEO-LiClO$_4$ 电解质体系中添加 52.5%（质量分数）的锂基 LLZO 颗粒，可得到离子电导率为 4.42×10^{-4} S·cm^{-1} 的聚合物电解质[72]。此外，颗粒添加物的加入量和尺寸也会一定程度地影响电解质的离子电导率。一般来说，颗粒添加物的量应适当，过多的添加会导致离子运动受限而降低其离子电导率。例如，向 PEO-LiClO$_4$ 电解质中加入 Al_2O_3 颗粒时，其离子电导率会随着颗粒加入量的增多，呈现出先升高后下降的变化趋势，且在 10%（质量分数）的添加量时呈现出最高的离子电导率。同时，适当减小颗粒的粒径可能会影响 PEO 聚合物链的重结晶动力学，促进其局部非晶区域的形成，从而增强锂离子的传输能力。例如，向 PEO-LiClO$_4$ 电解质中加入等量的纳米或微米级的 Al_2O_3 颗粒，发现加入尺寸为 15nm 的 Al_2O_3 颗粒时，其离子电导率约为 3×10^{-5} S·cm^{-1}，优于添加颗粒尺寸为 $2\mu m$ 的电解质体系（约 2×10^{-5} S·cm^{-1}）[74]。

聚合物基体的改性，包括聚合物的交联、共聚、嵌段和共混等，可以降低其结晶程度，使电解质中非晶相增多，有效提高固体聚合物电解质的离子电导率[75-77]。例如，通过对 PEO 基体进行交联，所得到的交联聚合物（如聚醚共聚物、丙烯酸酯共聚物和聚氨酯共聚物）在室温下的离子电导率通常可以达到约 10^{-5} S·cm^{-1}[77]。值得注意的是，颗粒物的添加和聚合物基体的改性，不仅可以提高固体聚合物电解质的离子电导率，还可以增强聚合物电解质的力学性能[64]，因而有助于满足柔性器件的服役要求，即在大弯曲、大拉伸甚至大程度地扭曲等条件下保持性能稳定，以免发生短路等电池问题。

提高固体聚合物电解质的离子电导率，还可以通过引入少量低分子量的液体增塑剂（如 EC 和 PC）来实现[78]。例如，PEO-LiCF$_3$SO$_3$ 固体聚合物电解质在室温下的离子电导率约为 3×10^{-7} S·cm^{-1}，适当添加 PC 增塑剂，可提高电解质的离子电导率（约 3×10^{-6} S·cm^{-1}）[79]。然而，液态增塑剂的加入，会使整个电解质体系的力学性能下降。因此，对于特定的电池服役条件应适当取舍，取其利避其害。

虽然通过以上方式可以提升固体聚合物电解质的离子电导率，然而，该电解质的室温离子电导率仍不足以满足实际应用需求。与此相比，通过添加大量增塑剂（聚合物的数倍），制备而成的凝胶聚合物电解质，可以大幅提升离子电导率至 $10^{-4} \sim 10^{-1}$ S·cm^{-1}（室温），从而有效地缓解了该问题。凝胶聚合物电解质由聚合物基体和液态电解质组成，黏弹性好、易成膜、生产成本低，具有广阔的发展前景。通常来说，凝胶聚合物电解质的制备方法有两种。一种方法是使聚合物在电解质溶液中溶胀，冷却后脱模，得到具有一定机械强度的电解质膜。然而，该方法中由于需要引入较大质量比（与溶解盐相比）的聚合物以得到凝胶的特性，会一定程度影响其离子传导能力。另一种方法是直接使液态电解质凝胶化，该方法需要引入引发剂、交联剂和聚合物单体，并通过热诱导、紫外线辐射诱导或者 γ 射线辐射诱导，引发单体的自由基聚合，以得到最终的电解质。该方法中直接将液态电解质转变为凝胶，具有较好的离子电导特性[80]。

在以上两种凝胶聚合物电解质的制备方法中，其液态电解质可以为水系或者非水系电解质。随着对轻量化和小型化电子储能器件的需求日益增长，在有限的质量和体积内提供大的能量输出，成为人们关注的焦点。其中，电池电压的提升能够有效提高其能量密度。原则上，电池电压需要满足在电解质的稳定电化学窗口之内，以避免电解质在长时间的充放电循环中发生失稳分解[81]。由于水系电解质的分解电压较低（1.23V），研究学者致力于非水系电解质的研发，以提升电解质的电压使用范围。例如，含有机溶液（EC-PC-DMC）的 PVDF-LiBOB 电解质具有 4.9V 的电化学窗口，且以该电解质和 Sn-C-LiMn$_{0.5}$Fe$_{0.5}$PO$_4$ 电极组装的锂离子电池，其预计能量密度可达约 360W·h·kg^{-1}[82]。此外，通过合理设计电解质的成分与结构，有助于提高电解质材料的使用电压。例如，以聚乙烯膜（PE）与 PVDF-羟乙基纤维素（HEC）共混聚合物制备的复合电解质膜（图 2-3），其电化学窗口可达 5.25V。该电解质较高的电化学稳定性可归因于以下几点：①凝胶化后，其内部游离态电解质的移动受到了限制；②电解质膜中的官能团，如C—F和O—H，可能会与电解质中的离子相互作用，从而提高了其电化学稳定性；③均匀覆盖的聚乙烯膜也有助于改善电化学稳定性[83]。由于离子液体具有电化学窗口宽、电化学稳定性高的特点，基于离子液体制备的离子液体凝胶聚合物电解质，兼具离子液体的独特性质和聚合物材料的力学性能，具有电化学窗口宽、热稳定性好、挥发性低等优点，可以满足电池的大工作电压要求。例如，N-丁基-N-甲基吡咯烷镓双三氟甲基磺酰亚胺［N-butyl-N-methylpyrroli-dinium bis（trifluoromethylsulfonyl）imide］离子液体基聚合物电解质可以在5V的电压条件下保持电化学稳定[84]。

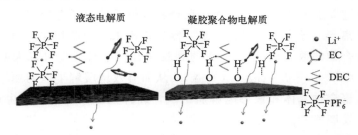

图 2-3　液态电解质与 PE-PVDF-HEC 凝胶聚合物电解质组成对比示意图[83]

电解质的热稳定性对于离子电池的安全性至关重要，对于耐高温聚合物电解质的研发，可以有效提高电池的使用温度范围。丁二腈（succinonitrile，SN）是一种固体塑料晶体，具有沸点高（267℃）和可燃性低的优点，且对锂盐具有良好的溶解性，常被用来提高聚合物电解质的安全性[85]。对于SN基凝胶聚合物电解质进行引燃测试，以评估其可燃性。实验表明，聚氨酯丙烯酸酯（PUA）-LiTFSI-SN 电解质不会燃烧，只会产生少量白色烟雾。与此相比，PUA与传统有机液态电解质 $LiPF_6$-EC-DMC 制备而成的电解质，在与火焰接触后会迅速燃烧[85]。此外，无机颗粒的引入有助于提高电解质的热稳定性。例如，使用乙烯基官能化的 SiO_2 颗粒，与 SN 基聚合物制备而成的复合聚合物电解质，表现出优异的热稳定性，在低于230℃的温度下不发生任何质量损失[86]。除此之外，基于离子液体的热稳定性高、不易燃的优异特性，目前已经成功制备了多种能够在高达 300～400℃ 的温度下稳定工作的离子液体基聚合物电解质[84]。

综前所述，固体聚合物电解质的离子电导率较低，目前还不具备商业应用价值。凝胶聚合物电解质通过增塑剂的引入，一方面大幅度提高了其离子电导率，另一方面却降低了其力学性能。在柔性和便携式储能领域中，对于高性能、高安全性的电解质材料的追求与探索，促进了无机固态电解质的蓬勃发展。无机固态电解质是一种可以实现离子传导的固体电解质材料，具有电化学窗口宽、力学性能好、热稳定性高、安全不可燃的优势。由于以上优点，无机固态电解质在商业电池的应用中具有广阔的发展前景。许多企业正在致力于固态锂电池的研发与应用（电子设备和电动汽车等），如丰田（Toyota）、固体能源（Solid Energy）、无线能源策略（Infinite Power Solution）、萨克蒂（Sakti3）、前沿技术（Front Edge Technology）、量子景观（Quantum Scape）等公司[87]。

根据结构的不同，无机固态电解质可以分为锂超导体型（（lithium superionic conductor，LISICON）、钠超导体型（sodium superionic conductor，NASICON）、钙钛矿型、石榴石型和硫化物型等。目前，已经发展的锂离子固态电解质包括氧化物、硫化物、氢化物、卤化物、硼化物或磷化物和锂磷氧氮薄膜电解质。各类锂离子固态电解质的特点如表 2-2 所示[88]。与液态电解质不同，无机固态电解质的离子传导中存在能垒，以锂离子固态电解质为例，能垒的存在会极大地影响其离子电导率（图 2-4）。通常来说，离子的传输依赖于缺陷的浓度和分布。其中，基于肖特基（Schottky）缺陷和弗伦克尔（Frenkel）缺陷的离子扩散机制研究较为成熟，其包括简单的空位机制和相对复杂的扩散机制，如双空位机制（divacancy mechanism）、间隙机制（interstitial mechanism）、间隙取代交换机制（interstitial-substitutional exchange mechanism）和集体机制（collective mechanism）。一些特殊结构的材料也能够在没有高浓度缺陷的条件下实现高的离子电导率，该结构通常由两个亚晶格以及由固定离子与移动的亚晶格组合的晶体框架组成[88]。

表 2-2 各类锂离子固态电解质性能对比表[88]

类型	材料	离子电导率 /$S \cdot cm^{-1}$	优点	缺点
氧化物	钙钛矿型 $Li_{3.3}La_{0.56}TiO_3$、NASICON 型 $LiTi_2(PO_4)_3$、LISICON 型 $Li_{14}Zn(GeO_4)_4$、石榴石型 $Li_7La_3Zr_2O_{12}$	$10^{-5} \sim 10^{-3}$	高的化学和电化学稳定性 高的机械强度 高的电化学氧化电位	无柔性 成本高
硫化物	$Li_2S-P_2S_5$、$Li_2S-P_2S_5-MS_x$	$10^{-7} \sim 10^{-3}$	高的离子电导率 好的机械强度和柔性 低的晶界阻力	低的氧化稳定性 对潮湿环境敏感 与正极材料的兼容性差

类型	材料	离子电导率 /S·cm^{-1}	优点	缺点
氢化物	LiBH$_4$、LiBH$_4$-LiX (X=Cl、Br、I)、LiBH$_4$-LiNH$_2$、LiNH$_2$、Li$_3$AlH$_6$、Li$_2$NH	$10^{-7} \sim 10^{-4}$	低的晶界阻力 与金属锂接触稳定 好的机械强度和柔性	对潮湿环境敏感 与正极材料的兼容性差
卤化物	LiI、Li$_2$ZnI$_4$、反钙钛矿型 Li$_3$OCl	$10^{-8} \sim 10^{-5}$	与金属锂接触稳定 好的机械强度和柔性	对潮湿环境敏感 低的氧化电位 低的离子电导率
硼化物 或磷化物	Li$_2$B$_4$O$_7$、Li$_3$PO$_4$、Li$_2$O-B$_2$O$_3$-P$_2$O$_5$	$10^{-7} \sim 10^{-6}$	制备流程简单 工艺制备可重复性强 好的韧性	较低的离子电导率
薄膜电解质	LiPON	10^{-6}	与金属锂接触稳定 与正极材料接触稳定	成本高

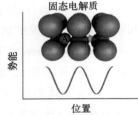

(a) 带电离子在固态电解质中迁移的势能变化   (b) 带电离子在液态电解质中迁移的势能变化

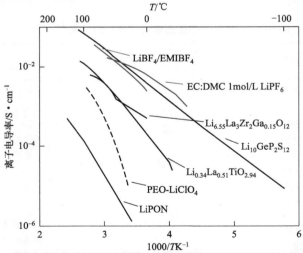

(c) 无机固态电解质与其他电解质体系的锂离子电导率与温度的关系曲线对比图

图 2-4　带电离子势能变化图和锂离子电导率与温度的关系曲线[89]

图中球 A 表示带电离子；图 (b) 中球 A 周围为溶剂化的电解质分子

无机固态电解质通常具有较宽的电化学窗口，该电解质材料的使用对于提高电池电压范围、功率和能量输出具有重要意义。例如，固态电解质 $Li_{10}GeP_2S_{12}$、Li_3PS_4、Li_4SnS_4、$Li_7La_3Zr_2O_{12}$、LiPON 均具有较宽的电化学稳定窗口，可在高于 5.0V 的电压下使用，这为 5V 锂离子电池的未来发展提供了有力保障[90]。随着无机固态电解质材料的不断发展，其电压窗口逐渐扩宽，电池的电压特性也将日益满足人们的需求。目前，基于氧化物的（LISICON 型、NASICON 型和石榴石型）的全固态锂离子电池电压在 3~5V，基于硫化物（Li_2S-P_2S_5-MS_x）的全固态锂离子电池电压在 4.5~5V，基于薄膜 LiPON 的全固态锂离子电池电压在 3~4V[88]。

硫化物固态电解质由于其较好的延展性（杨氏模量居于有机聚合物和氧化物陶瓷之间），有助于缓解固态电解质与活性电极材料接触较差的问题，是一类十分具有发展前景的电解质材料[91]。然而，硫化物固态电解质存在氧化稳定性差的问题，因而阻碍了该电解质在实际生产中的大规模应用。研究发现，对硫化物固态电解质掺杂可以改变其内部元素配位，以提高其电化学稳定性[92]。此外，卤元素的引入可以增加电解质中的自由空间，从而提升离子传输特性[92]。例如，通过球磨的方法，将 Li_2S、P_2S_5 和 LiX（X＝Cl、Br、I）粉末按照一定的比例混合后，在高能球磨机中进行机械研磨，然后将所得样品在氩气气氛下，于 550℃ 的温度中退火 5h，可以制备得到 Cl、Br 和 I 元素掺杂的硫化物电解质，即 Li_6PS_5X（X＝Cl、Br、I）。实验表明，掺杂后的硫化物电解质（Li_6PS_5Cl）电化学窗口可达 7.0V（相对于 Li/Li^+），且具有较高的离子电导率（$1.33 \times 10^{-3} S \cdot cm^{-1}$）[93]。此外，将 Li_2S、P_2S_5 和 LiI 充分混合后进行热处理，可以得到 $Li_7P_2S_8I$ 硫化物固态电解质。该电解质具有优异的电化学稳定性，其电化学窗口可达 10.0V（相对于 Li/Li^+），并且其室温离子电导率可以同时提升至 $6.3 \times 10^{-4} S \cdot cm^{-1}$，比不掺杂的 Li_3PS_4 电解质高约 400%[92]。

尽管无机固态电解质具有电化学稳定窗口宽、力学性能好且安全性高等优势，但是，由于其特有的固体形式，该电解质与电极的界面接触较差，影响离子在电极处的嵌入与脱出。一些无机固态电解质还会与电极之间发生反应，导致接触不稳定[89]。此外，一些氧化物电解质存在脆性大的缺点，电极材料与电解质界面处引起的应变和应力，可能会导致电解质内部产生裂纹或者裂缝[94]。因此，电解质的复合有利于综合多种电解质的优点，解决单一电解质面临的问题，产生"1＋1＞2"的功效，以加速半固态/固态离子电池的商业化进程。例如，将 $Li_{0.33}La_{0.557}TiO_3$ 固态电解质与 PAN-SN 聚合物复合，所得电解质具有高的离子电导率（$2.2 \times 10^{-3} S \cdot cm^{-1}$）、较宽的电化学窗口（5.1V，相对于 Li/Li$^+$)，以及良好的热稳定性和力学性能。以该电解质组装的电池在 $0.5C$ 的倍率下能够循环 150 圈，且不发生容量衰减[95]。多种电解质之间的协同作用可以有效提升离子电池的性能，然而，其组分的复杂性可能会引入新的问题与挑战。因此，通过理论研究与产业实践相结合，不断地更新理论与认知，合理设计与开发新型的电解质材料，已成为学术界和工业界探索研究的重要方向。

参考文献

[1] Meyer W H. Polymer electrolytes for lithium-ion batteries. Advanced Materials，1998，10 (6)：439-448.

[2] Tarascon J M，Armand M. Issues and challenges facing rechargeable lithium batteries. Nature，2001，414：359-367.

[3] Lewis G N，Keyes F G. The potential of the lithium electrode. Journal of the American Chemical Society，1913，35 (4)：340-344.

[4] Sarma D D，Shukla A K. Building better batteries：A travel back in time. ACS Energy Letters，2018，3 (11)：2841-2845.

[5] Selim R G，Hill K R，Rao M L B. Research and development of a high capacity, nonaqueous secondary battery. NASA，1965.

[6] Li M，Lu J，Chen Z，Amine K. 30 years of lithium-ion batteries. Advanced Materials，2018，30 (33)：1800561.

[7] Costa C M，Lee Y H，Kim J H，et al. Recent advances on separator membranes for lithium-ion battery applications：From porous membranes to solid electrolytes. Energy Storage Materials，2019，22：346-375.

[8] Kim H，Hong J，Park K Y，et al. Aqueous rechargeable Li and Na ion batteries. Chemical Reviews，2014，114 (23)：11788-11827.

[9] Goodenough J B，Park K S. The Li-ion rechargeable battery：A perspective. Journal of the American Chemical Society，2013，135 (4)：1167-1176.

[10] Huang Y，Zhao L，Li L，et al. Electrolytes and electrolyte/electrode interfaces in sodium-ion batteries：From scientific research to practical application. Advanced Materials，2019，31 (21)：1808393.

[11] Li Q，Chen J，Fan L，et al. Progress in electrolytes for rechargeable Li-based batteries and beyond. Green Energy and Environment，2016，1 (1)：18-42.

[12] Qin B，Liu Z，Zheng J，et al. Single-ion dominantly conducting polyborates towards high performance electrolytes in lithium batteries. Journal of Materials Chemistry A，2015，3 (15)：7773-7779.

[13] 曹婉真，夏又新. 电解质. 西安：西安交通大学出版社，1991：30-90.

[14] Åvall G，Mindemark J，Brandell D，et al. Sodium-Ion Battery Electrolytes：Modeling and Simulations. Advanced Energy Materials，2018，8 (17)：1703036.

[15] Rajagopalan R，Tang Y，Ji X，et al. Advancements and challenges in potassium ion batteries：A comprehensive review. Advanced Functional Materials，2020，30（12）：1909486.

[16] Morita M，Ishikawa M，Matsuda Y. Organic electrolytes for rechargeable lithium ion batteries. Wakihara M，Yamamoto O. Lithium Ion Batteries，1998.

[17] Xu K. Electrolytes and interphases in Li-ion batteries and beyond. Chemical Reviews，2014，114（23）：11503-11618.

[18] Ponrouch A，Goñi A R，Palacín M R. High capacity hard carbon anodes for sodium ion batteries in additive free electrolyte. Electrochemistry Communications，2013，27：85-88.

[19] Vetter J，Buqa H，Holzapfel M，et al. Impact of co-solvent chain branching on lithium-ion battery performance. Journal of Power Sources，2005，146（1-2）：355-359.

[20] Wang A，Kadam S，Li H，et al. Review on modeling of the anode solid electrolyte interphase（SEI）for lithium-ion batteries. npj Computational Materials，2018，4：15.

[21] Winter M. The solid electrolyte interphase-The most important and the least understood solid electrolyte in rechargeable Li batteries. Zeitschrift fur Physikalische Chemie，2009，223（10-11）：1395-1406.

[22] Xu C，Sun B，Gustafsson T，et al. Interface layer formation in solid polymer electrolyte lithium batteries：an XPS study. Journal of Materials Chemistry A，2014，2（20）：7256-7264.

[23] Ni J，Zhou H，Chen J，et al. Progress in solid electrolyte interface in lithium ion batteries. Progress in Chemistry，2004，16（3）：335-342.

[24] Aurbach D，Zinigrad E，Cohen Y，et al. A short review of failure mechanisms of lithium metal and lithiated graphite anodes in liquid electrolyte solutions. Solid State Ionics，2002，148（3-4）：405-416.

[25] Boyer M J，Hwang G S. Theoretical evaluation of ethylene carbonate anion transport and its impact on solid electrolyte interphase formation. Electrochimica Acta，2018，266：326-331.

[26] Schechter A，Aurbach D，Cohen H. X-ray photoelectron spectroscopy study of surface films formed on Li electrodes freshly prepared in alkyl carbonate solutions. Langmuir，1999，15（9）：3334-3342.

[27] Gofer Y，Ben-Zion M，Aurbach D. Solutions of $LiAsF_6$ in 1，3-dioxolane for secondary lithium batteries. Journal of Power Sources，1992，39（2）：163-178.

[28] Edström K，Andersson A M，Bishop A，et al. Carbon electrode morphology and thermal stability of the passivation layer. Journal of Power Sources，2001（97-98）：87-91.

[29] Zhang S S，Xu K，Jow T R. EIS study on the formation of solid electrolyte interface in Li-ion battery. Electrochimica Acta，2006，51（8-9）：1636-1640.

[30] Ellis L D，Hill I G，Gering K L，et al. Synergistic effect of $LiPF_6$ and $LiBF_4$ as electrolyte salts in lithium-ion cells. Journal of the Electrochemical Society，2017，164（12）：A2426-A2433.

[31] Younesi R，Veith G M，Johansson P，et al. Lithium salts for advanced lithium batter-

ies: Li-metal, Li-O$_2$, and Li-S. Energy and Environmental Science, 2015, 8 (7): 1905-1922.

[32] Sharova V, Moretti A, Diemant T, et al. Comparative study of imide-based Li salts as electrolyte additives for Li-ion batteries. Journal of Power Sources, 2018, 375: 43-52.

[33] Zhang S S. A review on electrolyte additives for lithium-ion batteries. Journal of Power Sources, 2006, 162 (2): 1379-1394.

[34] Abe K, Miyoshi K, Hattori T, et al. Functional electrolytes: Synergetic effect of electrolyte additives for lithium-ion battery. Journal of Power Sources, 2008, 184 (2): 449-455.

[35] Jia H, Zou L, Gao P, et al. High-performance silicon anodes enabled by nonflammable localized high-concentration electrolytes. Advanced Energy Materials, 2019, 9 (31): 1900784.

[36] Usui H, Yamamoto Y, Yoshiyama K, et al. Application of electrolyte using novel ionic liquid to Si thick film anode of Li-ion battery. Journal of Power Sources, 2011, 196 (8): 3911-3915.

[37] Han B, Liao C, Dogan F, et al. Using mixed salt electrolytes to stabilize silicon anodes for lithium-ion batteries via in situ formation of Li-M-Si Ternaries (M＝Mg, Zn, Al, Ca). ACS Applied Materials and Interfaces, 2019, 11 (33): 29780-29790.

[38] Zeng G, An Y, Xiong S, et al. Nonflammable fluorinated carbonate electrolyte with high salt-to-solvent ratios enables stable silicon-based anode for next-generation lithium-ion batteries. ACS Applied Materials and Interfaces, 2019, 11 (26): 23229-23235.

[39] Wang J, Yamada Y, Sodeyama K, et al. Fire-extinguishing organic electrolytes for safe batteries. Nature Energy, 2018, 3: 22-29.

[40] Cao X, Xu Y, Zhang L, et al. Nonflammable electrolytes for lithium ion batteries enabled by ultraconformal passivation interphases. ACS Energy Letters, 2019, 4 (10): 2529-2534.

[41] Wang X, Yamada C, Naito H, et al. High-concentration trimethyl phosphate-based nonflammable electrolytes with improved charge-discharge performance of a graphite anode for lithium-ion cells. Journal of the Electrochemical Society, 2006, 153 (1): A135-A139.

[42] Zeng Z, Jiang X, Li R, et al. A safer sodium-ion battery based on nonflammable organic phosphate electrolyte. Advanced Science, 2016, 3 (9): 1600066.

[43] Liu X, Jiang X, Zhong F, et al. High-safety symmetric sodium-ion batteries based on nonflammable phosphate electrolyte and double Na$_3$V$_2$ (PO$_4$)$_3$ electrodes. ACS Applied Materials and Interfaces, 2019, 11 (31): 27833-27838.

[44] Yamada Y, Wang J, Ko S, et al. Advances and issues in developing salt-concentrated battery electrolytes. Nature Energy, 2019, 4: 269-280.

[45] Li W, Dahn J R, Wainwright D S. Rechargeable lithium batteries with aqueous electrolytes. Science, 1994, 264 (5162): 1115-1118.

[46] Luo J Y, Cui W J, He P, et al. Raising the cycling stability of aqueous lithium-ion batteries by eliminating oxygen in the electrolyte. Nature Chemistry, 2010, 2: 760-765.

［47］ Suo L，Borodin O，Gao T，et al. "Water-in-salt" electrolyte enables high-voltage aqueous lithium-ion chemistries. Science，2015，350 (6263)：938-943.

［48］ Suo L，Borodin O，Wang Y，et al. "Water-in-salt" electrolyte makes aqueous sodium-ion battery safe，green，and long-lasting. Advanced Energy Materials，2017，7 (21)：1701189.

［49］ Leonard D P，Wei Z，Chen G，et al. Water-in-salt electrolyte for potassium-ion batteries. ACS Energy Letters，2018，3 (2)：373-374.

［50］ Zhang H，Qin B，Han J，et al. Aqueous/nonaqueous hybrid electrolyte for sodium-ion batteries. ACS Energy Letters，2018，3 (7)：1769-1770.

［51］ Jiang P，Chen L，Shao H，et al. Methylsulfonylmethane-based deep eutectic solvent as a new type of green electrolyte for a high-energy-density aqueous lithium-ion battery. ACS Energy Letters，2019，4 (6)：1419-1426.

［52］ Lewandowski A，Šwiderska-Mocek A. Ionic liquids as electrolytes for Li-ion batteries—An overview of electrochemical studies. Journal of Power Sources，2009，194 (2)：601-609.

［53］ Nakagawa H，Izuchi S，Kuwana K，et al. Liquid and polymer gel electrolytes for lithium batteries composed of room-temperature molten salt doped by lithium salt. Journal of the Electrochemical Society，2003，150 (6)：A695-A700.

［54］ Fernicola A，Croce F，Scrosati B，et al. LiTFSI-BEPyTFSI as an improved ionic liquid electrolyte for rechargeable lithium batteries. Journal of Power Sources，2007，174 (1)：342-348.

［55］ Elia G A，Ulissi U，Jeong S，et al. Exceptional long-life performance of lithium-ion batteries using ionic liquid-based electrolytes. Energy and Environmental Science，2016，9 (10)：3210-3220.

［56］ Chagas L G，Jeong S，Hasa I，et al. Ionic liquid-based electrolytes for sodium-ion batteries：Tuning properties to enhance the electrochemical performance of manganese-based layered oxide cathode. ACS Applied Materials and Interfaces，2019，11 (25)：22278-22289.

［57］ Do M P，Bucher N，Nagasubramanian A，et al. Effect of conducting salts in ionic liquid electrolytes for enhanced cyclability of sodium-ion batteries. ACS Applied Materials and Interfaces，2019，11 (27)：23972-23981.

［58］ Kameda Y，Umebayashi Y，Takeuchi M，et al. Solvation structure of Li^+ in concentrated $LiPF_6$-propylene carbonate solutions. Journal of Physical Chemistry B，2007，111 (22)：6104-6109.

［59］ Weingartner H. The static dielectric permittivity of ionic liquids. Journal of Molecular Liquids，2014，192：185-190.

［60］ Wu C J，Rath P C，Patra J，et al. Composition modulation of ionic liquid hybrid electrolyte for 5 V lithium-ion batteries. ACS Applied Materials and Interfaces，2019，11 (45)：42049-42056.

［61］ Ababtain K，Babu G，Lin X，et al. Ionic liquid-organic carbonate electrolyte blends to stabilize silicon electrodes for extending lithium ion battery operability to 100℃. ACS Applied Materials and Interfaces, 2016, 8 (24): 15242-15249.

[62] Guerfi A, Dontigny M, Charest P, et al. Improved electrolytes for Li-ion batteries: Mixtures of ionic liquid and organic electrolyte with enhanced safety and electrochemical performance. Journal of Power Sources, 2010, 195 (3): 845-852.

[63] Liang Y, Zhao C Z, Yuan H, et al. A review of rechargeable batteries for portable electronic devices. InfoMat, 2019, 1 (1): 6-32.

[64] Huang L Y, Shih Y C, Wang S H, et al. Gel electrolytes based on an ether-abundant polymeric framework for high-rate and long-cycle-life lithium ion batteries. Journal of Materials Chemistry A, 2014, 2 (27): 10492-10501.

[65] Pan Q, Smith D M, Qi H, et al. Hybrid electrolytes with controlled network structures for lithium metal batteries. Advanced Materials, 2015, 27 (39): 5995-6001.

[66] Yue L, Ma J, Zhang J, et al. All solid-state polymer electrolytes for high-performance lithium ion batteries. Energy Storage Materials, 2016, 5: 139-164.

[67] Fenton D E, Parker J M, Wright P V. Complexes of alkali metal ions with poly (ethylene oxide). Polymer, 1973, 14 (11): 589-590.

[68] Fullerton-Shirey S K, Maranas J K. Effect of $LiClO_4$ on the structure and mobility of PEO-based solid polymer electrolytes. Macromolecules, 2009, 42 (6): 2142-2156.

[69] Wang K, Zhang X, Li C, et al. Chemically crosslinked hydrogel film leads to integrated flexible supercapacitors with superior performance. Advanced Materials, 2015, 27 (45): 7451-7457.

[70] Lee Y S, Lee J H, Choi J A, et al. Cycling characteristics of lithium powder polymer batteries assembled with composite gel polymer electrolytes and lithium powder anode. Advanced Functional Materials, 2013, 23 (8): 1019-1027.

[71] Zhou W, Gao H, Goodenough J B. Low-cost hollow mesoporous polymer spheres and all-solid-state lithium, sodium batteries. Advanced Energy Materials, 2016, 6 (1): 1501802.

[72] Choi J H, Lee C H, Yu J H, et al. Enhancement of ionic conductivity of composite membranes for all-solid-state lithium rechargeable batteries incorporating tetragonal $Li_7La_3Zr_2O_{12}$ into a polyethylene oxide matrix. Journal of Power Sources, 2015, 274: 458-463.

[73] Croce F, Appetecchi G B, Persi L, et al. Nanocomposite polymer electrolytes for lithium batteries. Nature, 1998, 394: 456-458.

[74] Ahn J H, Wang G X, Liu H K, et al. Nanoparticle-dispersed PEO polymer electrolytes for Li batteries. Journal of Power Sources, 2003, 119-121: 422-426.

[75] Le Nest J F, Callens S, Gandini A, et al. A new polymer network for ionic conduction. Electrochimica Acta, 1992, 37 (9): 1585-1588.

[76] Deng F, Wang X, He D, et al. Microporous polymer electrolyte based on PVDF/PEO star polymer blends for lithium ion batteries. Journal of Membrane Science, 2015, 491: 82-89.

[77] Khurana R, Schaefer J L, Archer L A, et al. Suppression of lithium dendrite growth using cross-linked polyethylene/poly (ethylene oxide) electrolytes: A new approach for practical lithium-metal polymer batteries. Journal of the American Chemical Society, 2014, 136 (20): 7395-7402.

[78] Qian X, Gu N, Cheng Z, et al. Plasticizer effect on the ionic conductivity of PEO-based polymer electrolyte. Materials Chemistry and Physics, 2002, 74 (1): 98-103.

[79] Lee H S, Yang X Q, Mcbreen J, et al. Ionic conductivity of a polymer electrolyte with modified carbonate as a plasticizer for poly (ethylene oxide). Journal of the Electrochemical Society, 1994, 141 (4): 886-889.

[80] Lee A S S, Lee J H, Lee J C, et al. Novel polysilsesquioxane hybrid polymer electrolytes for lithium ion batteries. Journal of Materials Chemistry A, 2014, 2 (5): 1277-1283.

[81] Yada C, Ohmori A, Ide K, et al. Dielectric modification of 5V-class cathodes for high-voltage all-solid-state lithium batteries. Advanced Energy Materials, 2014, 4 (9): 1301416.

[82] Lecce D D, Fasciani C, Scrosati B, et al. A gel-polymer Sn-C/LiMn$_{0.5}$Fe$_{0.5}$PO$_4$ battery using a fluorine-free salt. ACS Applied Materials and Interfaces, 2015, 7 (38): 21198-21207.

[83] Ma X, Zuo X, Wu J, et al. Polyethylene-supported ultra-thin polyvinylidene fluoride/hydroxyethyl cellulose blended polymer electrolyte for 5 V high voltage lithium ion batteries. Journal of Materials Chemistry A, 2018, 6 (4): 1496-1503.

[84] Lee J H, Lee A S, Lee J C, et al. Hybrid ionogel electrolytes for high temperature lithium batteries. Journal of Materials Chemistry A, 2015, 3 (5): 2226-2233.

[85] Lv P, Li Y, Wu Y, et al. Robust succinonitrile-based gel polymer electrolyte for lithium-ion batteries withstanding mechanical folding and high temperature. ACS Applied Materials and Interfaces, 2018, 10 (30): 25384-25392.

[86] Liu K, Ding F, Liu J, et al. A cross-linking succinonitrile-based composite polymer electrolyte with uniformly dispersed vinyl-functionalized SiO$_2$ particles for Li-ion batteries. ACS Applied Materials and Interfaces, 2016, 8 (36): 23668-23675.

[87] Sun C, Liu J, Gong Y, et al. Recent advances in all-solid-state rechargeable lithium batteries. Nano Energy, 2017, 33: 363-386.

[88] Manthiram A, Yu X, Wang S. Lithium battery chemistries enabled by solid-state electrolytes. Nature Reviews Materials, 2017, 2: 16103.

[89] Bachman J C, Muy S, Grimaud A, et al. Inorganic solid-state electrolytes for lithium batteries: Mechanisms and properties governing ion conduction. Chemical Reviews, 2016, 116 (1): 140-162.

[90] Li J, Ma C, Chi M, et al. Solid electrolyte: The key for high-voltage lithium batteries. Advanced Energy Materials, 2015, 5 (4): 1401408.

[91] Sakuda A, Hayashi A, Tatsumisago M. Sulfide solid electrolyte with favorable mechanical property for all-solid-state lithium battery. Scientific Reports, 2013, 3: 2261.

[92] Rangasamy E, Liu Z, Gobet M, et al. An iodide-based Li$_7$P$_2$S$_8$I superionic conductor. Journal of the American Chemical Society, 2015, 137 (4): 1384-1387.

[93] Boulineau S，Courty M，Tarascon J M，et al. Mechanochemical synthesis of Li-argyrodite Li$_6$PS$_5$X (X=Cl，Br，I) as sulfur-based solid electrolytes for all solid state batteries application. Solid State Ionics，2012，221：1-5.

[94] Ke X，Wang Y，Ren G，et al. Towards rational mechanical design of inorganic solid electrolytes for all-solid-state lithium ion batteries. Energy Storage Materials，2020，26：313-324.

[95] Bi J，Mu D，Wu B，et al. A hybrid solid electrolyte Li$_{0.33}$La$_{0.557}$TiO$_3$/poly (acylonitrile) membrane infiltrated with a succinonitrile-based electrolyte for solid state lithium-ion batteries. Journal of Materials Chemistry A，2020，8 (2)：706-713.

第3章

金属硫电池电解质

锂离子电池技术在过去几十年中一直占据主导地位，然而其高成本和逐渐接近比能量极限等问题限制了其未来的广泛应用。此外，在我国"十三五"规划提出，2020 年将电池的比能量进一步提升至 $300W \cdot h \cdot kg^{-1}$。以上市场需求和政策方向激励着学术界和工业界发展一种超越锂离子电池的新型化学储能电池，以满足不断增长的能源需求。在此背景下，开展了金属硫电池的研究。

金属硫电池是一种以金属（Li 或者 Na）为负极，以元素硫（S）为正极的储能体系。其中，元素硫具有 $1672mA \cdot h \cdot g^{-1}$ 较高的理论容量。以锂硫电池为例，放电过程中，Li 与 S 完全反应形成 Li_2S，电池的平均工作电压为 2.2V，比能量可以达到 $2600W \cdot h \cdot kg^{-1}$，其全电池能量密度可以达到 $500W \cdot h \cdot kg^{-1}$，表现出广阔的市场前景[1]。然而，锂硫电池的实际应用面临诸多挑战：①反应物 S 与产物 Li_2S 具有较低的离子电导率；②高活性的 Li 金属在循环过程中会形成枝晶，存在安全隐患；③电池充放电过程中，形成的多硫化物中间相容易溶解在电解质中，并做氧化还原穿梭，会引起活性物质不可逆的损失，导致电池较低的库仑效率和较差的稳定性等。

锂硫电池的工作原理如图 3-1 所示，电池放电过程中伴随着 Li 负极的氧化反应[2,3]：

$$Li \longrightarrow Li^+ + e^- \tag{3-1}$$

以及正极的还原反应：

$$S + 2e^- \longrightarrow S^{2-} \tag{3-2}$$

其中，元素硫实际以 S_8 的形式参与反应，并且锂硫电池中 S 的氧化还原反应是通过形成一系列化学式为 Li_2S_x（$x=4\sim8$）的中间锂多硫化物，随后还原为 Li_2S 来实现的。高价的锂多硫化物（Li_2S_x，$4 \leqslant x \leqslant 8$）可溶于大多数常用的有机溶剂，但低价锂硫化物（$Li_2S_2$ 和 Li_2S）不溶。溶解于电解质中的高价态的锂多硫化物会穿过隔膜，与 Li 负极反应，形成不溶的低价锂硫化物（Li_2S_2 和 Li_2S），从而导致锂硫电池内阻升高。此外，电池充电过程中，高价态的聚硫化物会沉积在 S 电极上，随后溶解于电解质中，扩散至 Li 负极与 Li 金属反应生成低价态的聚硫化物。在继续充电过程中，生成的低价聚硫化物会扩散至 S 正极，这也被称作锂硫电池中的"穿梭效应"。上述过程中活性材料的损失造成了电池体系的库仑效率降低，导致锂硫电池较差的循环稳定性以及快速的容量衰减。多硫化物在电解质溶液中经历各种歧化和交换反应，形成不同链长的中间反应物质。由于这些反应的复杂性和溶剂依赖性，硫电极的放电过程在不同电解质溶液中会显示出显著的变化。调控电解质是改善锂硫电池性能的有效方法，如可通过改变溶剂、盐和添加剂，甚至使用固态电解质来防止多硫化物穿梭，以优化电池性能。此外，调节电解质组成可以改善固体电解质界面层（solid-electrolyte interface，SEI）的形成，使其获得更高的离子电导率，以减小电池内阻，并且具有致密组成的 SEI 层可以有效地保护 Li 电极，减少对电极活性物质的消耗，抑制 Li 枝晶的形成。

为了有效减少多硫化物中间物质的穿梭，抑制 Li 枝晶的形成，锂硫电池中电解质应满足的特性有：①有较好的离子电导率；②与 Li 金属具有较好的化学和电化学相容性；③电解质成分（即溶剂、盐和添加剂）在存在多硫化物阴离子和阴离子自由基的情况下，仍具有化学稳定性。

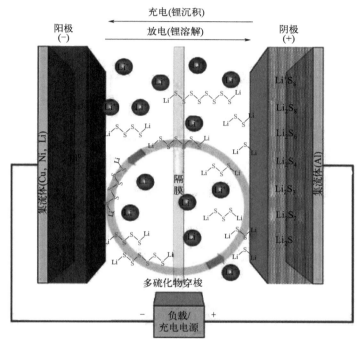

图 3-1 锂硫电池充放电过程示意图[3]

相比于 Li 负极，金属 Na 具有较低的成本。采用金属 Na 作为负极，S 作为正极的钠硫电池，可以获得约 $1400W \cdot h \cdot kg^{-1}$ 的比能量，并且钠硫电池具有较好的循环寿命和高能量效率，有利于满足规模储能的需求。目前，根据钠硫电池的工作温度，可以将其分为高温钠硫电池（工作温度在 $300 \sim 350 ℃$）、中温钠硫电池（工作温度约为 $150℃$）以及室温钠硫电池[4]，其工作机制如图 3-2 所示[5]。

高温钠硫电池的研究始于 1960 年，并且已成功实现了在电网规模储能中的应用[6]。在高温钠硫电池中，通常采用 $\beta\text{-}Al_2O_3$ 作为 Na^+ 传输的电解质，由于在 $300℃$ 下，$\beta\text{-}Al_2O_3$ 的离子电导率接近水系电解质 H_2SO_4 的离子导电率，因

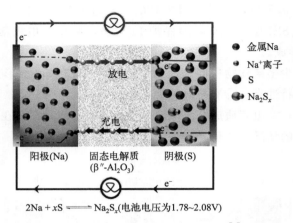

$$2Na + xS \Longleftrightarrow Na_2S_x (电池电压为1.78～2.08V)$$

图 3-2　钠硫电池工作机制示意图[5]

此电池的工作温度一般为 300～350℃。高温钠硫电池通常采用熔融钠作负极、熔融硫作正极、氧化铝陶瓷作电解质。放电过程电极反应为[7]：

阳极反应： $$2Na \longrightarrow 2Na^+ + 2e^-$$ （3-3）

阴极反应： $$xS + 2Na^+ + 2e^- \longrightarrow Na_2S_x (x = 3～5)$$ （3-4）

电池总反应： $$2Na + xS \longrightarrow Na_2S_x (x = 3～5)$$ （3-5）

尽管高温钠硫的研究以及实际应用获得了显著发展，然而其面临高温下 S 电极的腐蚀性以及电池高温管理系统的高成本等重要挑战。基于此，研究学者提出了采用 β-Al_2O_3 作为电解质隔膜，四甘醇二甲醚作为阴极电解质溶剂的中温锂硫电池，其工作机制与高温锂硫电池相似，Na 电极仍保持熔融状态[8]。

由于熔融态的电极对电池的安全性能提出了严峻挑战，诸多研究开始关注室温钠硫电池。室温钠硫电池与锂硫电池反应机制相似，以金属 Na 作为负极，S 或者是硫化物作为正极，放电过程伴随着 Na 的还原反应及 S 的氧化反应，并且存在多硫化物 $[Na_2S_n (n = 4～8)]$ 的形成[9]。因此，与锂硫电池相似，室温钠硫电池中存在多硫化物的穿梭效应以及枝晶等问题，造成了室温钠硫电池的性能衰减。为了应对上述挑战，研究学者通过调控电解质组成、采用混合电解质等方法，有效抑制了钠硫电池中多硫化物的穿梭效应，促进了钠硫电池的发展。

3.1
液态电解质

液态电解质因具有较高的离子电导率而受到广泛应用。通常以双三氟甲基磺酰亚胺锂［LiN(SO₂CF₃)₂，LiTFSI］作为 Li 盐，以碳酸酯类溶剂或者醚类溶剂组成电解质体系。通过调控液态电解质的组成，可以显著改善多硫化物穿梭问题，其工作机制主要包括[2]：①通过 Li₂Sₘ 溶解到电解质溶液中，随后发生还原反应在 Li 金属负极上形成有效钝化层，来防止多硫化物穿梭。例如，Li 金属会与电解质反应形成 SEI 层，通过调控电解质组分以获得稳定的 SEI 层，有利于阻止内部 Li 金属与电解液的进一步反应，可以抑制枝晶形成的同时减少多硫化物的氧化还原反应。②采用多硫化物（Li₂Sₘ）难溶的电解质体系，可以减少多硫化物中间产物的穿梭。

3.1.1 有机电解质

3.1.1.1 碳酸酯类电解质

碳酸酯类电解质可以提供有效的负极钝化层，并且具有较高的离子电导率、电化学稳定性和安全性，是锂金属电池中常用的电解质溶剂体系，例如碳酸乙烯酯（EC）、碳酸二乙酯（DEC）、碳酸二甲酯（DMC）和碳酸丙烯酯（PC）等。然而，在锂硫电池中，碳酸酯类电解质中醚或羰基碳原子会与硫正极或者多硫化物中间相发生反应，造成碳酸酯类电解质的失效和活性硫的损失，导致电池容量大幅衰减[10]。因此，在碳酸酯类锂硫电池体系中，通常采用将 S 嵌入纳米多孔基体材料中，或者以形成共价键的方式将其固定在聚合物复合材料上，以减少硫正极与碳酸酯类电解质的副反应。例如，以 S 与介孔碳复合材料作为正极，商业化碳酸酯类溶剂作为电解质，金属 Li 作为负极组装电池。电池表现出较好的循环寿命，在 2C 倍率下充放电循环 500 圈后，仍表现出 507.9mA·h·g⁻¹ 的容量[11]。

基于该碳酸酯类电解质及复合正极材料，锂硫电池的放电曲线呈持续下降的趋势，而没有表现出平台。该现象是由于电池放电过程中伴随着硫的还原，直接生成不溶的 Li₂S₂ 或者 Li₂S，而没有可溶的多硫化物中间产物的形成，即多硫化物的存在时间太短而无法表现出放电电压平台。采用基于同步辐射技术的 X 射线吸收近边缘光谱（XANES），可以进一步分析碳酸酯类电解质锂硫电池反应机制[12]。如图 3-3 所示，电池由涂覆有新型铝基有机-无机复合薄膜（alucone）的 S-C 复合材料作为正极，碳酸酯类溶剂作为电解质。结果表明，在碳酸酯类电解质中循环的 S-C 复合正极没有表现出与多硫化物相关的明显特征，说明 S 正极的反应为 S₈ 直接电化学转换为 Li₂S，而没有形成其他中间产物，这就解释了采用碳酸酯类电解质的锂硫电池放电曲线持续下降的现象。此外，基于溶液分析法进一步研究了造成该现象的原因，即多硫化锂在碳酸酯类电解质系统中非常不稳定，使得多硫化物分解，部分转化为 S[12]。因此，碳酸酯类电解质有效减少了多硫化物的穿梭。以 S-C 复合材料或者是 S 与聚合物材料以形成共价键形式组成的复合正极，在电池反应过程中发生固-固单相反应，其中间产物和最终产物（Li_2S_2 和 Li_2S）均不溶于碳酸酯类电解质，因此显著降低了它们对碳酸酯类电解质的反应性。上述现象表明碳酸酯类电解质对发展高稳定性锂硫电池具有重要意义，这为今后探究锂硫电池中硫化物与碳酸酯类电解质之间的反应提供了借鉴。

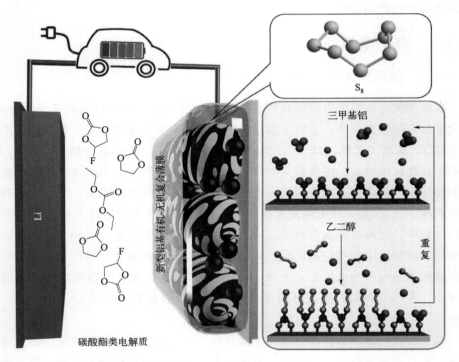

图 3-3　碳酸酯类电解质及 S-C 复合正极组装的锂硫电池示意图[12]

碳酸酯类电解质的组成对电池的性能具有重要影响。对比 LiTFSI 和碳酸氟代亚乙酯（FEC）作为溶剂混合物，与 DMC、DEC、碳酸二丙酯（DPC）及乙二醇双（碳酸甲酯）（EGBMC）组成的碳酸酯类电解质的性能，结果表明 DMC 基电池具有最高容量，高于 DEC 基电池和 DPC 基电池，EGBMC 基电池比容量最小[13]。电解质组成为 $3mol \cdot L^{-1}$ LiTFSI 和 FEC/DMC（2：1）的电池在 $0.5C$ 倍率下充放电循环 1100 圈后仍表现出 $800mA \cdot h \cdot g^{-1}$ 的放电容量。此外，由于电解液的黏度影响了 Li^+ 在电解质中的迁移速率，电池的容量与电解质的黏度呈线性关系。黏度增大，会造成电解质的电导率降低，SEI 膜的阻抗增加，与正负极材料之间的相容性变差，会影响电池的循环性能及能量密度[13]。因此，在设计高性能碳酸酯类电解质过程中，应综合考虑电解质的溶剂选择及电解质黏度，从而获得高容量和稳定循环性能的锂硫电池。

碳酸酯类电解质同样适用于室温钠硫电池。通常，钠硫电池常用的碳酸酯类电解质由 $NaClO_4$ 作为钠盐，EC/DMC 或者 EC/PC 作为溶剂。例如，研究学者采用体积比为 1∶1 的 EC/DMC 作为钠硫电池电解质，负载 S 的介孔碳作为正极，组装了室温钠硫电池[14]。该钠硫电池表现出较高的库仑效率和稳定的充放电循环性能，在第一圈放电过程中，电池表现出 $1000mA \cdot h \cdot g^{-1}$ 的放电容量，并且在 0.03C 倍率下充放电循环 110 圈后，电池仍具有 $610mA \cdot h \cdot g^{-1}$ 的放电容量。此外，有研究还提出了聚丙烯腈基材料用作 S 正极载体，其与碳酸酯类电解质有良好的相容性[15]。采用该复合正极与碳酸酯类电解质的钠硫电池，表现出约为 1.4V 的放电电压和 1.8V 的充电电压。由于电极与电解质材料良好的化学相容性，S 正极表现出较好的反应可逆性，在第一圈充放电过程中，电池获得了接近 100% 的充放电效率，以及 $655mA \cdot h \cdot g^{-1}$ 的放电容量。

然而，目前钠硫电池中碳酸酯类电解质的应用主要借鉴锂硫电池中碳酸酯类电解质的发展，研究仍处于初始阶段，碳酸酯类钠硫电池中同样存在放电电压持续下降和容量衰减的问题。

3.1.1.2 醚类电解质

相比于碳酸酯类溶剂，多硫化物在醚类电解质中具有较高的稳定性。不同形式的醚类电解质，例如甲醚（DME）、四氢呋喃、1,3-二氧戊环（DOL）、四（乙二醇）二甲醚（TEGDME）、二甘醇二甲醚（DGM）、部分硅烷化的醚和聚（乙二醇）二甲醚（PEGDME），已作为锂硫电池电解质溶剂而被研究。其中，DME 具有较高的介电常数，黏度低，是多硫化物的良好溶剂。DOL 通过裂解环状结构被还原为低聚物，可以在 Li 负极的表面生成一层保护性 SEI 膜，有利于减少 Li 金属活性材料的损失，并且抑制枝晶的形成[16]。TEGDME 包含更多的溶剂化氧原子，可以很好地溶解和解离 Li 盐和多硫化物，从而表现出较好的电化学性能。然而单一的溶剂组成仍很难满足锂硫电池的性能需求，因此研究中常采用多种溶剂混合物作为电解质溶剂，并且通过优化其组成，获得较好的化学、物理（表面张力、黏度、电导率）和安全性能。例如，DOL/DME 混合溶剂是锂硫电池中广泛使用的电解质体系，具有低黏度、高倍率容量以及较高离子电导率等优势。以体积比为 1∶5 的 DOL/DME 电解质组装的锂硫电池，表现出较高并且稳定的放电电压，在第 27 圈充放电循环中具有 $947mA \cdot h \cdot g^{-1}$ 的放电容量[17]。然而，尽管 DOL 和 DME 分子的还原电位比大多数碳酸酯类和醚类溶剂要低，但在基于 DOL/DME 电解质的锂硫电池中仍观察到气体逸出的现象，导致电池性能大幅下降。基于第一性原理的计算方法，分析 DOL/DME 溶剂型锂硫电池中的气体逸出行为[17]。研究学者计算了 DOL/DME＋X 簇（X ＝ Li 金属、Li^+、S^{3-} 自由基和水）的最低未占分子轨道（LUMO）。结果表明 Li 金属、Li^+ 和 S^{3-} 自由基可显著降低 DOL/DME＋X 簇的 LUMO 水平（与 DOL/DME 相比，约为 2.0 eV）。进一步分析表明，对于 DOL/DME＋S^{3-} 簇，其 LUMO 仅由硫原子贡献，说明首先被还原的是硫原子，而不是 DOL 或 DME 分子。因此，Li 被认为是引起 DOL 和 DME 分子分解的关键成分。相比于反应-吸附机理较高的能量势垒（3eV），吸附反应机理（0.56eV）更容易发生，因此该过程表现出吸附反应机理。该研究指出，DOL 分子与 Li 相互作用的分解过程类似于 S_N2 反应。氧原子（即 O3）首先与 Li^+ 结合，并带正电。由于 C2 原子也带正电，C2—O3 键长从 0.14nm 增加到 0.15nm，键合会变弱，更容易断裂。因此，Li 促进了 DOL 分子中碳—氧键的断裂。DME 分子的分解要复杂得多，因为与 Li 相互作用时，两种碳-氧键会断裂。一方面，当与 Li 反应时碳氧的第一个键断裂是整个分解反应的速率决定步骤，这突出了 Li 在促进 DME 分子分解中的关键作用；另一方面，吸附-反应和反应-吸附机理键断裂反应势垒分别为 0.86eV 和 0.79eV，这表明 DME 分子分解机理不同于 DOL 分子。然而，无论哪种机理占主导地位，DME 的反应势垒都大于 DOL（0.56 eV），因此，DME 分子与 Li 负极相互作用更具稳定性。

为了探讨电解质分解的情况，研究学者基于六个平面或簇模型进行了分子动力学计算[17]，结果表明簇模型中充分暴露于溶剂分子的锂原子比平面模型中的锂原子更活泼。具体而言，在进行分子动力学模拟5ps（皮秒）后，未观察到 Li 金属与 DME 分子之间的反应，而 9 个 DOL 分子中有 2 个发生了分解，说明 DME 分子具有更好的稳定性。同时，在模拟与 Li 团簇相互作用 5ps 时，14 个 DME 分子中有 6 个分解，表明 Li 团簇与溶剂分子具有更高的反应活性。

基于以上结论，如果可以在电解质和反应性 Li 金属表面之间建立非常稳定的界面，则电解质和反应性 Li 金属之间不会直接接触，可有效提高锂硫电池的稳定性。因此有研究学者提出有机电解质中添加多硫化物作为添加剂的锂硫电池，在 Li 金属负极上建立稳定的 SEI 层[18,19]。例如，在 DOL/DME 混合电解质中引入 Li_2S_5 和 $LiNO_3$ 添加剂[17]，在第 100 圈循环中，电池的库仑效率高于 94％，这表明 Li 金属负极上形成了稳定的保护层，并且 Li 负极与电解质之间的反应性降低。相反，没有负极保护的电池在第 100 圈循环中库仑效率降低到 80％。同时，具有负极保护的电池在循环 100 圈后仍可保持 98.5％的初始放电容量（852mA·h·g^{-1}），相比于具有相似的初始放电容量、但是没有负极保护的锂硫电池，循环稳定性（第 100 圈循环时容量仅为 765mA·h·g^{-1}）得到明显改善。此外，该研究策略也适用于改进 Li 负极的枝晶问题。例如，基于 DOL/DME 电解质，添加 Li$_2$S$_8$ 多硫化物原位形成 SEI 层，可以作为钝化层附着在负极表面[20]。这种双相层状结构有效保证了电池工作过程中电极/电解质界面两侧对于金属 Li 的需求，减少了 Li$^+$ 的扩散阻力，实现了界面两侧较为均匀的 Li$^+$ 浓度分布和电流密度，抑制了 Li 枝晶的形成。该原位 SEI 层抑制了 Li 金属与电解质之间的副反应，显著改善了电池的循环稳定性，以 1C 的倍率充放电循环 100 圈后仍表现出 97% 的库仑效率。尽管醚类电解质在锂硫电池的应用中发挥了重要作用，然而多硫化物在醚类电解质中表现出较高的溶解性，会引起严重的多硫化物穿梭效应。因此，通常需要通过设计有效的 S-C 复合正极材料、引入隔膜材料等方法，减少多硫化物在电解质中的溶解和扩散。

与上述醚类电解质相比，氟化醚具有较差的配位能力（氟比氢具有更强的电负性和更高的位阻），极大地抑制了醚氧原子的离子溶剂化能力，减少了多硫化物在电解质中的溶解和扩散。氟化醚较低熔点、低黏度、低易燃性等特点，使其成为锂硫电池电解质优异的助溶剂或添加剂。有学者报道采用 1,2-双（1,1,2,2-四氟乙氧基）乙烷（TFEE）与 DOL 组成混合溶剂，用作锂硫电池电解质[21]。在 TFEE/DOL 基电池的循环过程中，可以观察到两个稳定的放电平台，其中 2.2～2.4V 的高放电电压对应 S 还原为 Li$_2$S$_x$（$4 \leqslant x \leqslant 8$），2.0～2.1V 的低放电电压对应低硫化物的还原反应。而基于 DOL/DME 电解质的锂硫电池在第一圈循环过程中即表现出较大的极化现象，并且随着循环过程的进行，极化增加，电池性能大幅下降。此外，通过对电池循环性能的分析发现，TFEE/DOL 基电解质显著优于 DOL/DME 基电解质体系。其中，50% TFEE 含量的电解质体系表现出 1234mA·h·g^{-1} 的初始放电容量，并且在 100 圈的循环测试中，容量保持率达到 99.5%，库仑效率保持在 97%，说明其具有良好的电化学稳定性（图 3-4）。分析指出，由于氟化的醚类电解质螯合能力低，对溶解的 Li 盐或还原生成的硫化物中的 Li$^+$ 均表现出较弱的溶剂化作用，并且所有还原产生的 Li$_2$S$_x$（$2 \leqslant x \leqslant 8$）产物都会产生额外的 Li$^+$。这种作用从本质上防止了充放电循环过程中锂多硫化物的溶解，并抑制了随后的穿梭效应和硫活性物质的损失。

氟化醚类电解质的应用也可以在 Li 金属负极表面和 S/C 正极表面形成钝化层，减少电极与电解质的副反应，从而提升电池的稳定性。例如，基于 1,1,2,2-四氟乙基-2,2,3,3-四氟丙基醚（TTE）/DOL 氟化醚电解质的锂硫电池，在第二圈放电后放置 120h 具有的放电容量是 DOL/DME 基体系的 2.2 倍[22]。对循环过程中的电极分析发现，在 Li 金属负极表面形成了分层结构的 LiF 和硫酸盐/亚硫酸盐/硫化物的 SEI 层，从而有效抑制了电极的副反应，实现了较好的电极稳定性。

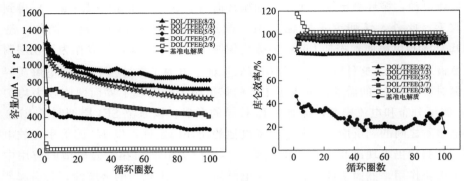

图 3-4 采用不同比例的 DOL/TFEE 电解质组装的锂硫电池的循环稳定性[21]

除采用混合溶剂的方法，目前还发展了高浓度 LiTFSI 的电解质体系[23] 或者引入添加剂（例如，$LiNO_3$[24]、$LiClO_4$[25]、$LiCF_3SO_3$[26]、多硫化物[27]等），以促进形成稳定的 SEI 层，避免溶解在电解液中的多硫化锂与金属锂发生反应，从而减少活性材料的损失，获得高容量的锂硫电池。

除了发展有利于 Li 盐溶解和 Li^+ 传输的溶剂外，电解质添加剂对于改善锂硫电池的性能同样具有重要作用。在锂硫电池电解质中，尽管添加剂含量较低，但可以显著改善电解质的离子电导率、黏度、润湿性以及电极-电解质的界面特性等，从而有效提高锂硫电池的电化学性能。目前，已经发展了多种类型的电解质添加剂，例如，有机物、Li 盐和离子液体等，用于改善锂硫电池的多硫化物穿梭问题，或者在电极表面形成保护层以减少 Li 电极枝晶和腐蚀等问题。其中，$LiNO_3$ 是广泛应用的添加剂，可以改善电极-电解质界面，并在 Li 负极表面原位形成稳定的 SEI 层。该 SEI 层可有效增强 Li 负极稳定性，并且抑制多硫化物的氧化还原穿梭效应，从而提高锂硫电池的容量和循环稳定性。例如，研究学者在由 DOL 溶剂和 $LiN(SO_2CF_3)_2$ 组成的电解质中引入了 $LiNO_3$ 添加剂，发现在添加量为 $0.31 mol \cdot L^{-1}$ 情况下，电池获得了 $1150 mA \cdot h \cdot g^{-1}$ 的放电容量，并且在 $2.4 \sim 2.3V$ 和 $2.1 \sim 2V$ 电压区域表现出稳定的放电平台[16]。而没有引入 $LiNO_3$ 的情况下，电池的放电容量仅为 $650 mA \cdot h \cdot g^{-1}$。分析表明，电解质中 $LiNO_3$ 对 Li 电极的表面电化学特性具有显著影响。$LiNO_3$ 可与多硫化物反应，被还原形成 Li_xNO_y 附着在电极表面，并且将多硫化物氧化为 Li_xSO_y。该反应过程有效抑制了多硫化物的穿梭效应，并且通过在 Li 电极表面形成钝化膜减少了 Li 电极与电解质溶液的副反应。

为了深入揭示 $LiNO_3$ 的引入对于抑制多硫化物穿梭效应的作用机制，研究学者采用 X 射线光电子能谱（XPS）、扫描电子显微镜（SEM）和电化学阻抗谱（EIS）等分析手段，对在含有 $LiNO_3$ 的电解质溶液中工作的 Li 电极进行了表征[28]。结果表明，LiNO₃添加剂会促进 Li 电极上稳定的 SEI 膜的形成，该过程与 LiNO₃ 和多硫化物的相互作用密切相关。对于含有 LiNO₃ 的电解质，在电池的循环过程中，由于 LiNO₃ 的强氧化性，Li 电极上会持续形成 SEI 膜。尽管在仅含有多硫化物的电解质溶液中，多硫化物和 Li₂S 之间循环往复的氧化还原反应也可以在 Li 电极表面形成 SEI 膜，然而不含 LiNO₃ 添加剂的电解质与含 LiNO₃ 的电解质中 SEI 膜的形成机制不同，前者形成的 SEI 膜主要由绝缘性的 Li₂S 和 Li₂S₂ 组成，而后者 SEI 膜的形成过程更为复杂，并且 SEI 膜表现为双层结构。首先，在循环的初始阶段，LiNO₃ 和多硫化物的还原产物（Li₂S、Li₂S₂ 和 LiN$_x$O$_y$）会同时沉积在 Li 电极上，该共沉积产物会形成光滑且致密的保护层，附着在 Li 电极表面，抑制了电解质溶液和 Li 金属之间的副反应。随后，电解质中的多硫化物继续被 LiNO₃ 氧化为硫酸锂，并沉积在初始 SEI 层上，该保护层进一步减少了电解质溶液中多硫化物与锂电极上还原性物质（例如 Li 金属和硫化锂）之间的接触。这两种保护层协同作用，有效抑制了多硫化物的穿梭效应。该研究工作为构建理想的 SEI 保护层，发展高性能锂硫电池提供了有效途径。

尽管在电解质中引入 LiNO₃，可以有效提高锂硫电池的循环稳定性和容量，但是近年来研究学者发现 LiNO₃ 对锂硫电池的自放电影响不容忽视[29]。相关研究工作提出在较小浓度的 LiNO₃ 添加情况下，对多硫化物的穿梭效应改善并不明显，电池会发生快速自放电[29]。将 LiNO₃ 浓度增加至 $0.5 \text{mol} \cdot \text{L}^{-1}$ 时，可以将锂硫电池在一天内的容量损失降低至 2%。进一步提高 LiNO₃ 的浓度，会导致 S 电极上 LiNO₃ 不可逆的还原反应，这对于锂硫电池的未来实际应用是严峻的挑战。为了获得低自放电率的锂硫电池，研究学者采用含有 Al₂O₃ 涂层的微孔膜来抑制多硫化物扩散。在 $0.2C$ 下 5 个充放电循环测试并储存 24h 后，含有 $0.5 \text{mol} \cdot \text{L}^{-1}$ LiNO₃ 添加剂的电解质溶液的锂硫电池，表现出 1.84% 的自放电率，并且由于 LiNO₃ 的引入，该电池表现出较好的循环稳定性；在电解质中含有 $0.2 \text{mol} \cdot \text{L}^{-1}$ LiNO₃ 的情况下，使用 Al₂O₃ 膜作为隔膜的锂硫电池在第 100 圈循环时的容量为 $668 \text{mA} \cdot \text{h} \cdot \text{g}^{-1}$。

多硫化物也可作为锂硫电池添加剂，在有机电解质中引入长链 Li₂S$_m$（$m=4 \sim 8$）可发生歧化反应，用于减少绝缘性产物 Li₂S₂ 和 Li₂S 的形成，并促进在 Li 金属电极表面上形成稳定的保护性钝化膜。同时，根据反应平衡原理，引入 Li₂S$_m$ 有利于减少 Li₂S$_m$ 从 S/C 复合电极中的溶解。研究学者发现，含有 Li₂S$_m$ 添加剂的电解质具有较低的电荷转移阻抗[19]。对充放电循环测试后的 Li 电极分析表明，在以 1,4-二氧六环（DIOX）/DME 为溶剂，含有 Li₂S₆ 添加剂的电解质中形成的 SEI 膜具有多层结构，该结构由底层的低价多硫化物（Li_2S 和 Li_2S_2）和电解质的分解产物（例如 $Li_2S_2O_3$、Li_2SO_3）组成，说明溶解的 Li_2S_m 和 $LiNO_3$ 在 Li 表面形成了稳定的保护膜，从而防止了多硫化物的穿梭。基于该原理，采用由 TEGDME 溶剂、$LiCF_3SO_3$ 锂盐、5%（质量分数）Li_2S_8 添加剂组成的电解质，组装的锂硫电池获得了 $1500mA \cdot h \cdot g^{-1}$ 的放电容量[30]。

由氧化还原对组成的添加剂可以在电极表面进行电化学氧化还原反应，从而减少多硫化物的生成，并显著增强电极表面活性物质上的电荷转移。研究学者对比分析了由 DME 和 1,4-二氧六环（DIOX）作为溶剂，LiTFSI 作为 Li 盐组成的电解质在引入 LiI 添加剂前后的电池性能[31]。对于不含 LiI 添加剂的电解质，电池在 $3.0\sim3.8V$ 电压范围内表现出较大的过电势，这是由于 Li 从结晶 Li_2S 中脱出需要较高的活化能。而引入 LiI 后，该过电势明显降低至约 2.75V。分析指出 LiI 添加剂在电池反应过程中可作为氧化还原介质，提高电解质的离子电导率，并且可作为 Li 从结晶 Li_2S 中脱出的催化剂，降低反应活化能。由于有效降低了反应过电势，减少了电池副反应，基于含 LiI 添加剂电解质的锂硫电池表现出较高的容量和倍率性能，即使在 $1C$ 的高倍率下，电池也可表现出 $1114mA \cdot h \cdot g^{-1}$ 的放电容量。相比于不含 LiI 的电解质，引入 $0.5mol \cdot L^{-1}$ LiI 将电池在 100 圈充放电循环过程中的容量保持率从 76% 提升至 96%。在 $C/5$ 倍率下充放电循环测试 100 圈后，电池仍具有 $1310mA \cdot h \cdot g^{-1}$ 的放电容量。通过对循环后的电极进行表征发现，不含 LiI 添加剂的电解质中 Li 电极表面形成了片状 Li_2S，含 LiI 添加剂的电解质中 Li 电极表面仍保持光滑的形貌，同时阴极表面形成了聚合物保护膜，减少了 S 电极的进一步溶解，说明 LiI 的引入有效改善了多硫化物的穿梭。该研究工作进一步采用量子化学计算分析 LiI 的作用机制，提出 LiI 的引入可以促进在电极表面形成稳定的保护层，以及该保护层的形成过程：① 在 3V（vs. Li/Li^+）电势下产生了 $I \cdot$ 自由基；②$I \cdot$ 自由基与 DME 溶剂反应，形成 DME(-H)$\cdot$ 自由基；③DME(-H)$\cdot$ 自由基在溶液中聚合，在电极表面形成聚醚保护膜。

目前，除了上述广泛应用的碳酸酯类和醚类溶剂，其他挥发性较小的有机溶剂也被发展用作锂硫电池电解质，例如砜基溶剂、N-甲基-2-吡咯烷酮（NMP）、二甲基亚砜（DMSO）等。其中，由于砜具有高介电常数、较好的安全性、低成本等优势，已作为助溶剂或添加剂应用于锂离子电池或者锂硫电池中。其中，四亚甲基砜（TMS）是一种常用的极性溶剂，具有较高的 Li 盐溶解度和较好的反应动力学特性。然而，前期探究发现其作为单一溶剂不适用于锂硫电池，基于此，研究学者采用 TMS/DME 混合溶剂，添加 $1mol \cdot L^{-1}$ LiTFSI 制备电解质[32]。使用该电解质的锂硫电池在首次放电过程中具有 1043mA·h·g⁻¹ 的放电容量，并且在 2V 和 2.2~2.4V 的电压范围内表现出两个稳定的放电平台。由于多硫化物在砜类电解质中具有较低的溶解度，因此有利于获得稳定的电池性能。在 100mA·g⁻¹ 的电流密度下，采用 TMS/DME 混合物作为电解质溶剂的电池，表现出更好的循环性，并随着电解质中 TMS 量的增加而增加。其中 TMS：DME 为 9：1 时，电池表现出最佳的循环性，在 50 圈循环后可保持其初始容量的 50%，相比于单纯的 DME 溶剂循环稳定性得到明显改善。

醚类电解质同样可作为钠硫电池中电极之间离子传输的媒介。例如，研究学者提出采用 TEGDME 作为钠硫电池电解质溶剂[33]。尽管相比于碳酸酯类溶剂，醚类电解质具有更稳定的放电电压，然而由于多硫化物在醚类电解质中具有较高的溶解度，促进了多硫化物的穿梭。因此，采用该 TEGDME 电解质的钠硫电池发生了明显的容量衰减，在 10 圈的充放电循环过程中，放电容量从 538mA·h·g⁻¹ 降低到 250mA·h·g⁻¹。为了抑制多硫化物的穿梭效应，研究学者采用 NaPF₆ 为钠盐、四甘醇二甲醚作为电解质溶剂，并合成了以微孔碳作为载体的正极，用于钠硫电池[34]。制备的正极材料中存储的硫分子仅以 S_n（$n = 2$~4）形式存在，有效减少了醚类电解质中高价多硫化物的形成，从而在一定程度上抑制了多硫化物的穿梭效应。获得的钠硫电池尽管在最初 20 圈充放电循环过程中具有较为明显的容量衰减，但在随后的循环过程中每圈的容量衰减率仅为 0.1%，为改善采用醚类电解质的钠硫电池的循环稳定性提供了借鉴。此外，研究学者还发展了三乙二醇二甲醚（TREGDME）为溶剂、三氟甲基磺酸盐（NaCF₃SO₃）为钠盐，组成钠硫电池电解质[35]。结果表明，该电解质与多壁碳纳米管负载 S 的正极具有良好的相容性，获得的钠硫电池平均放电电压为 1.7V，放电容量为 500mA·h·g⁻¹，并且在经过 10 圈充放电循环后仍可保持近 100% 的库仑效率。此外，该电解质表现出较高的 Na⁺ 迁移数（$n = 0.72$），有利于获得较小的电极-电解质界面电阻，并促进电化学反应过程的进行，为发展适用于室温钠硫电池的高性能电解质提供了借鉴。

3.1.2 离子液体电解质

离子液体具有较低挥发性、低阻燃性、高热稳定性以及宽电化学窗口等优势，促进了其作为锂二次电池电解质的应用。与分子溶剂不同，离子液体的溶剂性质由阳离子和阴离子的相互作用（例如库仑力、范德华力和氢键）以及它们与溶质的化学相互作用决定。离子液体种类繁多，通过设计不同的阴离子和阳离子组成，可以调控氧化还原活性物质（S_8 和 Li_2S_m）的溶解性，从而改善锂硫电池中多硫化物的穿梭现象。众多不同离子组合的离子液体溶剂被研究用于锂硫电池，例如 N-甲基-N-丙基吡咯烷鎓双三氟甲基磺酰亚胺（［MPPY］［TFSI］）[36]、1-甲基-1-丁基吡咯烷鎓[37] 等。

锂硫电池的性能与 Li_2S_m 在离子液体电解质中的溶解度密切相关，通过调控离子液体组成以减小 Li_2S_m 的溶解度，有利于减少多硫化物在电解质中的穿梭效应。与有机电解质相似，Li_2S_m 的溶解主要由 Li^+ 与电解质的溶剂化作用决定[38]，溶剂的供体能力（donor ability）是影响 Li^+ 溶剂化的关键因素，以供体数（DN）作为分析溶剂化的参数。通常，具有高 DN 的溶剂（例如 DME、THF 和 TEGDME）可以优先与具有路易斯（Lewis）酸性的阳离子（例如 Li^+）配位，从而具有通过阳离子的强溶剂化溶解多硫化物的能力。而不存在高 DN 溶剂的电解质，例如 DEME［TFSA］（DN 约为 10kcal · mol^{-1}，1kcal = 4184.0J），Li_2S_m 则表现出较低的溶解度，有效抑制了多硫化物的穿梭。此外，由于库仑引力的作用，多硫化物阴离子的长度也会显著影响 Li_2S_m 的溶解度。例如，对于 DN 较高的 TEGDME 溶剂（DN = 16.6kcal · mol^{-1}），当 S_m^{2-} 链长较长时，Li^+ 和 S_m^{2-} 之间的静电力不是很强，TEGDME 与 Li^+ 配合并易于电离 Li_2S_m，导致 Li_2S_m 的溶解度较高[38]。离子溶质在离子液体中的溶解可通过离子溶质和溶剂的复分解反应进行，如果离子液体的溶质离子和溶剂离子大小匹配，则很容易发生位置交换。因此，除了 DN 之类的溶剂化参数外，S_m^{2-} 的离子大小或多硫化物（例如 LiS_m^- 和 $Li_3S_m^+$）和离子液体溶剂的离子簇的相似性（或不相似性）等因素，对 Li_2S_m 溶解度的影响也不容忽视。另外，Li［TFSA］盐的引入会进一步削弱［DEME］［TFSA］的供体能力，因为 Li^+ 具有强路易斯酸性，会导致 Li^+ 与两个［TFSA］$^-$ 的配位以及 Li 低聚物的形成[38]。Li_2S_m 在 0.64mol · L^{-1} Li［TFSA］/［DEME］［TFSA］中的溶解度小于在纯［DEME］［TFSA］中的溶解度。因此，为了有效抑制锂硫电池的充放电循环中氧化还原穿梭效应，设计具有低 DN 的离子液体溶剂，并且在电解质中添加 Li 盐，对于获得更高库仑效率和更长循环寿命的锂硫电池具有重要意义。

此外，由非质子离子液体和 Li 盐组成的、基于离子液体的电解质，存在两种阳离子（有机阳离子和 Li^+），以及具有高黏度特性，表现出较低的离子电导率和较低的 Li^+ 迁移数。仅包含 Li^+ 作为阳离子的离子液体用作锂硫电池电解质，有望解决由非质子离子液体和 Li 盐组成的二元混合电解质的低电导率和低 Li^+ 迁移数等缺点。研究发现，由 LiTFSI 和三甘醇二甲醚（G3）或四甘醇二甲醚（G4）的 1∶1 等摩尔混合物组成的熔融配合物，具有高的热稳定性、低的挥发性和较宽的电化学窗口等优点，被认为代表了一种新的离子液体，称为溶剂化离子液体[39]。其中配合物阳离子［Li（G3）］$^+$ 或［Li（G4）］$^+$ 起独立阳离子的作用，因此该电解质表现出高的 Li 迁移数和高的 Li$^+$ 浓度。此外，由于［Li(G4)］$^+$ 和［TFSI］$^-$ 在 Li 溶剂化离子液体中均表现为离散的弱配位离子，所以 Li$_2$S$_m$ 的溶解得到缓解。例如，与在含有过量甘醇二甲醚的溶液中相比，Li$_2$S$_m$ 在溶剂化离子液体［Li(G3 或 G4)］［TFSA］中的溶解度得到显著抑制[40]，并且 Li$_2$S$_m$ 的溶解度随着［Li（glyme）$_x$］［TFSA］（$x>1$）中甘醇二甲醚摩尔比的降低而降低。因为溶剂化离子液体中所有的甘醇二糖分子都与 Li$^+$ 配位，没有游离的甘醇二糖分子，导致 Li$_2$S$_m$ 的溶解度非常低，抑制了电池充放电期间氧化还原穿梭效应，获得了高库仑效率（98%）和更长的循环寿命（400圈循环后放电容量仍高于 700mA·h·g^{-1}）[41]。引入具有较高化学稳定性和低供体能力的第二相溶剂，可以进一步改善溶剂化离子液体的性能。例如，在上述电解质体系中加入较低极性的 1,1,2,2-四氟乙基-2,2,3,3-四氟丙基醚（HFE），可进一步抑制 Li$_2$S$_m$ 在锂硫电池中的溶解，将电池在 1C 倍率下的放电容量提升2.8 倍[41]。

相比于有机电解质，离子液体可作为有效抑制多硫化物穿梭的电解质体系。研究学者发现采用离子液体电解质组装的锂硫电池，表现出两个电压区域的放电曲线，即 2.4～2.0V 的高电压区域和 2.0V 的低电压区域[38]。然而离子液体基电池体系的高电压低于有机电解质，并且在低电压区域的末端出现较大的极化现象。这是由于在离子液体电解质中，硫的还原反应机制不同。在［TFSI］基离子液体电解质中，S 的化学反应仅发生固-固反应，并且生成的 S$_8$ 与 Li$_2$S$_m$ 固定在硫正极中；而对于有机电解质，Li$_2$S$_m$ 在充放电过程中会发生溶解和沉积。因此，基于［TFSI］的离子液体电解质固相反应的缓慢动力学，及较大的固相传质阻力，导致其表现出更负的还原电势。在锂硫电池未来的研究中，调控离子液体电解质及硫电极的组成，以提高硫正极氧化还原反应效率，进而提高电池的工作电压和循环性能，对于获得高性能锂硫电池将具有重要意义。

尽管离子液体的溶剂化特性在抑制 Li$_2$S$_m$ 溶解方面具有很大的优势，但离子液体固有的高黏度性质引起的缓慢的 Li$^+$ 传输，已被认为是离子液体基电解质的严重缺陷，会导致电池严重极化，影响电池快速充放电。将非质子离子液体的电解质与低黏度醚溶剂混合，是一种有效改善电导率和 Li$^+$ 传输性能方法，同时保持了离子液体抑制 Li$_2$S$_m$ 溶解的独特溶剂作用。例如，研究学者制备了以 LiTFSI 为 Li 盐，N-甲氧基乙基-N-甲基吡咯烷鎓双三氟甲基磺酰亚胺（P$_{1,2O1}$TFSI）和三（乙二醇）二甲醚（TEGDME）为助溶剂的离子液体，用于锂硫电池电解质[42]，通过以最佳质量比 7∶3 组合离子液体和 TEGDME，电解质有效抑制了多硫化物的穿梭效应。组成为 $0.4mol \cdot kg^{-1}$ LiTFSI-$P_{1,2O1}$TFSI/[30％（质量分数）] TEGDME 电解质表现出良好的离子电导率（室温离子电导率为 $4.303mS \cdot cm^{-1}$），相比于不含 TGDME 的电解质体系提高了 2.5 倍。基于上述电解质的锂硫电池表现出高放电容量（在 $0.1C$ 时第一圈循环放电容量为 $1212.8mA \cdot h \cdot g^{-1}$）、出色的倍率容量（$1C$ 下的放电容量为 $886.5mA \cdot h \cdot g^{-1}$）和良好的循环性能（100 圈循环后容量保持率为 93.3％，库仑效率在 $1C$ 时高于 95％）。此外，基于该电解质的锂硫电池可以在 80℃ 下工作，表明其具有优异的高温性能。该研究为设计安全高性能锂硫电池的离子液体电解质提供了借鉴。除了上述非质子离子液体和醚类溶剂的混合电解质，溶剂化离子液体也可与有机溶剂作为共溶剂，与 Li 盐作为锂硫电池电解质。其中，溶剂化离子液体与低极性的有机溶剂均具有较低的氧化还原活性物质（S_8 和 Li_2S_m）的溶解度，并且两者混合有利于实现较高的离子电导率。例如，由 $LiCF_3SO_3$ 作为锂盐，非极性甲苯和 TEGDME 作为溶剂组成的电解质有效改善了离子迁移率，相比于未添加甲苯的电解质，离子迁移率提升了 2 倍以上（$1.0 \times 10^{-2}S \cdot cm^{-1}$ vs. $2.6 \times 10^{-2}S \cdot cm^{-1}$）[43]。采用该混合电解质组装的锂硫电池，获得了 $750mA \cdot h \cdot g^{-1}$ 的初始放电容量，相比基于不含甲苯的电解质电池高出 1.8 倍。

离子液体优异的热稳定性、较宽的电化学窗口和低挥发性等优势，使其同样可作为钠硫电池有效的电解质体系。例如，研究学者报道了一种包含 1-甲基-3-丙基咪唑鎓氯酸盐离子的新型离子液体——碳酸酯类混合电解质，并且在电解质中引入了 SiO_2 纳米粒子[44]。通过光谱分析发现，SiO_2 纳米粒子可以在负极表面形成 Na^+ 导电膜，有助于实现钠的均匀沉积。研究表明，在较宽的工作电压范围内（即使电压增加到 4.5V），包含 SiO_2 纳米粒子和离子液体的电解质表现出稳定的充放电性能。分析指出 SiO_2 纳米粒子和离子液体的引入主要具有以下重要作用：①离子液体的引入有助于在 Na 负极表面形成稳定的 SEI 层，抑制电化学副反应的发生。②SiO_2 纳米粒子可以有效固定电解质中的 ClO_4^- 阴离子，稳定电池内部电场。基于该混合电解质的上述优势，钠硫电池表现出较好的电化学性能，在 $0.5C$ 倍率下表现出 $600mA \cdot h \cdot g^{-1}$ 的放电容量，100 圈充放电循环过程中每圈容量衰减率为 0.31％。

3.1.3 水系电解质

上述用于锂硫电池的有机电解质存在易燃等安全风险，使用过程中可能会造成安全隐患。由于固态相成核所需的能量较高，以及电池整体中固态扩散缓慢，在有机电解质中溶解的多硫化物向难溶的 Li_2S_2 和 Li_2S 的转化也很困难。不导电的固体沉淀在复合电极上会缩短电池的循环寿命。水系电解质具有低成本、高安全性等优势。此外，水系电解质的离子电导率通常比有机电解质高 1~2 个数量级。然而，水系电解质在锂硫电池中的使用面临以下挑战：①水系电解质中硫（或其还原的多硫化物）的电化学氧化还原反应，与有机电解质中的硫氧化还原反应不同；②在锂硫电池的可逆充放电过程中，水的电化学窗口较窄（1.23V）。锂硫电池中水系电解质的应用通常是将多硫化物溶解在水溶液中，制成正极电解液，其表现出如下重要特征：首先，多硫化物和固体还原产物都高度溶于水系电解质，与固体硫电极相比，它促进了快速的界面反应，并且体积膨胀可忽略不计，从而具有高容量和高倍率性能。其次，水系正极电解质的黏度低，在室温下可以很容易流动，有利于获得高离子电导率。

研究学者使用 Li 金属作为负极，EC/DMC 中含有 $1mol \cdot L^{-1}$ $LiClO_4$ 的有机电解质作为负极电解质，可以电催化多硫化物的氧化和还原的 CoS/黄铜网作为正极集流体，并使用水溶液中的 Li_2S_4/Li_2S 氧化还原对作为正极电解质，组装了混合电解质的锂硫电池（图 3-5）[45]。由于正负极电解质的不同，采用隔膜 $Li_{1.35}Ti_{1.75}Al_{0.25}P_{2.7}Si_{0.3}O_{12}$ 分离两种电解质和可溶性多硫化物。在该混合电解质电池中，负极侧的有机电解质由于与 Li 金属的相容性而被用于传输 Li^+，正极电解质发生氧化还原反应：$S_4^{2-} + 6e^- \rightleftharpoons 4S^{2-}$。由于 S_4^{2-}/S^{2-} 氧化还原对的反应电势（约 2.53V vs. Li/Li^+）接近析氢反应（HER）的电势，因此在正极电解质中添加了 $0.2mol \cdot L^{-1}$ LiOH 以降低 HER 的电势（2.08V）。在电池充放电循环过程中，电解质水溶液的颜色在黄色（S_4^{2-}）和透明（S^{2-}）之间变化。通过循环伏安测试分析氧化还原反应，发现 $0.01mol \cdot L^{-1}$ Li_2S_4 的电解质在

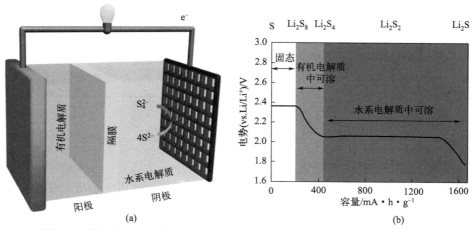

图 3-5　采用水系电解质的锂硫电池示意图（a）和采用有机电解质组装的
锂硫电池放电曲线[45]（b）

2.53V处显示出一个正极峰,在2.72V处显示出一个负极峰,分别对应于Li_2S_4向Li_2S的还原反应以及Li_2S向Li_2S_4的氧化反应。在含$0.1mol \cdot L^{-1}$ Li_2S_4的水溶液中,锂硫电池表现出较高且平稳的工作电压(2.5~2.7V vs. Li/Li^+),显著高于传统有机溶剂(1.9~2.1V),且具有较小的充放电电压差(0.05V)。S_4^{2-}/S^{2-}的还原和氧化分别产生$1129mA \cdot h \cdot g^{-1}$(约为理论容量的99.7%)和$1030mA \cdot h \cdot g^{-1}$的高放电和充电容量,有利于获得高能量密度的锂硫电池[45]。

此外,基于水系电解质体系发展了光辅助充电锂硫电池,实现了太阳能的高效转换和利用。该研究负极采用Li金属和有机电解质,$Li_{1.35}Ti_{1.75}Al_{0.25}P_{2.7}Si_{0.3}O_{12}$(LATP)作为隔膜材料,$Li_2S_n(1 \leqslant n \leqslant 4)$碱性水溶液作为正极电解质,并且正极负载有Pt/CdS光催化剂[46]。使用水溶性多硫化物电极不仅具有比固体电极更高的反应活性,而且还降低了长期光照射时的热效应。该光辅助充电锂硫电池的放电反应与上述传统锂硫电池相同。充电过程是通过光激发空穴将放电产物S^{2-}转化为多硫化物,反应方程式为:

$$nS^{2-} + (2n-2)h^+ \longrightarrow S_n^{2-} \tag{3-6}$$

同时,光激发电子转移到负载在CdS上的Pt纳米粒子上,随后参与质子的还原反应以释放氢。电池在充放电循环10圈后(先光照充电10min然后放电),仍可提供$185mA \cdot h \cdot g^{-1}$的放电容量,与首次放电容量($201mA \cdot h \cdot g^{-1}$)相比,具有92.5%的容量保持率。相比基于常规锂离子电池的正极材料,例如$LiFePO_4$(约$170mA \cdot h \cdot g^{-1}$)、$LiCoO_2$(约$140mA \cdot h \cdot g^{-1}$)和$LiMn_2O_4$(约$148mA \cdot h \cdot g^{-1}$)等,获得了较高的放电容量。这种新型锂硫电池实现了太阳能的转换和电化学能量的存储,并且通过利用混合电解质,有效地增加了电池的能量密度,为发展新型能量转换和储存器件开辟了新途径。

3.2
半固态/固态电解质

如前所述,液态电解质作为锂硫电池中的离子传输媒介,通常由导电盐类和溶剂(例如,水、有机溶液和离子液体)组成。然而,液态电解质中存在反应物和产物的扩散、迁移、溶解和沉淀等现象,与锂硫电池的容量损失密切相关。此外,液态电解质具有易挥发、易燃、易泄漏、不安全等问题。由聚合物基体和离子传输介质组成的半固态电解质,以及由晶体结构骨架和金属或者非金属离子组成的固态电解质，不仅可以作为传导离子的介质，还可以充当正极和负极之间的隔膜，对于抑制上述液态电解质中的问题具有重要意义。

3.2.1 聚合物电解质

聚合物电解质通常可分为两类，即固体聚合物电解质（SPE）和凝胶聚合物电解质（GPE）。与传统的液体电解质相比，SPE 具有以下优点：良好的力学性能、易于制造成薄膜、与 Li 金属可形成稳定的界面，并且如果聚合物的模量足够高则可以防止 Li 枝晶形成[47]。其中，聚醚，特别是聚环氧乙烷（PEO）及其衍生物，是固态锂硫电池 SPE 的合适聚合物主体。与醚类溶剂（例如 TEG-DME）类似，PEO 线型链中的氧乙烯基团（—CH_2CH_2O—）与 Li^+ 配位，有助于电离和溶解 Li 盐，从而形成具有高离子电导率的稳定配合物。例如，研究学者通过将 PEO 和 LITFSI 溶于乙腈，制备了 Li（CF_3SO_2）$_2$N（PEO/LITFSI）电解质用于锂硫电池，组装的电池可以在 90～100℃ 之间工作，并且可以获得 $722mA \cdot h \cdot g^{-1}$ 的初始放电容量[48]。相比于聚乙烯-环氧乙烷（PEMO）基电解质的电导率提升了约 4 倍，并且电池放电容量提升了约 3 倍。然而，因为其在低于 63℃（PEO 的熔融温度）的条件下以结晶相存在，在室温下表现出低的电导率（$10^{-7} S \cdot cm^{-1}$）。因此，PEO 基 SPE 电解质的应用通常限制在高于 60℃ 的环境，以获得足够的离子电导率。

SPE 中引入陶瓷填料可以提高其电导率，并降低 Li 电极与电解质之间的界面电阻，例如包括 Al_2O_3、$LiAlO_2$[49]、SiO_2、ZrO_2[50] 和纳米黏土在内的各种陶瓷填料，已被研究与 Li 一起引入 PEO 基 SPE 电解质中。在 PEO-LiTFSI 中引入 5%（质量分数）的 Al_2O_3 获得了 $3.3 \times 10^{-4} S \cdot cm^{-1}$ 的离子电导率[51]；由 $Li_7P_3S_{11}$（LPS）和 3%（质量分数）PEO-$LiClO_4$ 组成的混合电解质在室温下获得了 $2.1 S \cdot cm^{-1}$ 的离子电导率。基于 LPS-PEO-$LiClO_4$ 电解质组装的锂硫电池，在室温下以 $C/20$ 的倍率放电时，表现出 $826mA \cdot h \cdot g^{-1}$ 的放电容量[52]。此外，$Li_{10}SnP_2S_{12}$（LSPS）对复合电解质的 Li^+ 电导率、力学性能和界面稳定性同样具有积极作用，显著增强了半固态锂硫电池的电化学性能。相比于 PEO/LiTFSI 电解质（50℃下离子电导率为 $3.79 \times 10^{-5} S \cdot cm^{-1}$，30℃下离子电导率为 $2.27 \times 10^{-6} S \cdot cm^{-1}$），1%（质量分数）$Li_{10}SnP_2S_{12}$ 的引入将离子电导率提升约 3 倍（50℃下离子电导率为 $1.69 \times 10^{-4} S \cdot cm^{-1}$，30℃下离子电导率为 $6.62 \times 10^{-6} S \cdot cm^{-1}$）。研究表明，$Li_{10}SnP_2S_{12}$ 在 PEO 基质中的均匀分布可以有效抑制其结晶，并削弱 PEO 链之间的相互作用。与纯 PEO/LiTFSI 电解质相比，PEO-1%（质量分数）$Li_{10}SnP_2S_{12}$ 电解质与 Li 负极具有更低的界面

电阻，以及更高的界面稳定性。包含该电解质的锂硫电池具有出色的电化学性能、高放电容量（约 $1000mA\cdot h\cdot g^{-1}$）、高库仑效率（接近 100%）和在 $60℃$ 时良好的循环稳定性，即使在 $50℃$ 的条件下也表现出高容量（约 $800mA\cdot h\cdot g^{-1}$）和良好的循环稳定性[53]。

目前，对 SPE 基电解质的改性开展了大量的研究工作，发现不同的制备条件也会影响聚合物电解质的性能。研究学者在不同条件下制备得到了三种 $(PEO)_6LiBF_4$ 电解质[54]：通过搅拌将 PEO 和 $LiBF_4$ 混合均匀制备的搅拌聚合物电解质（SPE）；将 PEO 和 $LiBF_4$ 混合均匀的浆料进一步球磨得到的球磨聚合物电解质（BPE）；在 PEO 和 $LiBF_4$ 混合浆料中引入 10%（质量分数）Al_2O_3 球磨得到的球磨聚合物电解质（BCPE）。分析发现球磨的制备方法更有利于获得高离子电导率的电解质 [SPE 为 0.5×10^{-4} $S\cdot cm^{-1}$，BPE 为 3×10^{-4} $S\cdot cm^{-1}$（$80℃$）]。Al_2O_3 的添加可以进一步改善电解质性能，基于 BCPE 的锂硫电池获得了 $1670mA\cdot h\cdot g^{-1}$ 的初始放电容量，甚至接近 S 的理论放电容量。该研究为 SPE 电解质的制备和改性提供了指导。

尽管与液态电解质相比，SPE 具有力学稳定性，并提高了电解质的安全性，但由于其较低的离子电导率，所得的锂硫电池仍具有较低的可逆容量和较短的循环寿命，因此其发展进程受阻。相比于 SPE，GPE 具有更高的离子电导率（$10^{-3}S\cdot cm^{-1}$），在 GPE 中，液体电解质被聚合物骨架固定，聚合物骨架提供机械强度。这种特殊的凝胶结构降低了主体聚合物的结晶比例，同时通过降低离子运动的潜在势垒提高了离子电导率。通常，用含有小分子溶剂、Li 盐和凝胶制备的 GPE 作为半固态锂硫电池的电解质。具有高介电常数的有机溶剂有助于 Li 盐的溶解并增加电荷数量。通常采用有机溶剂（例如 EC、PC、DMC 和 DEC）增塑聚合物基质以获得具有高离子电导率（$>10^{-3}S\cdot cm^{-1}$）的 GPE，常用的聚合物基体包括：聚偏二氟乙烯（PVDF）、聚偏二氟乙烯-共-六氟丙烯（PVDF-HFP）、聚甲基丙烯酸甲酯（PMMA）和 PEO。其中，PVDF 具有强电子键合能力、较高 Li^+ 迁移数（$n=0.49$）和高介电常数（$\varepsilon=8.4$），有利于获得高离子电导率[55]。然而，基于 PVDF 的 GPE 与 Li 负极的界面稳定性是其广泛应用面临的重要挑战。通常对 Li^+ 具有较大吸附能的材料可以有效地降低 Li 沉积过程的形核势垒，有利于负极 Li 均匀地形核和沉积。研究学者提出了通过在 PVDF 凝胶聚合物电解质表面的聚多巴胺（PDA）自聚合，制备了 PDA-PVDF 凝胶电解质（图 3-6）[55]。由于路易斯酸与碱的相互作用，获得的 GPE 中具有吡咯氮的聚多巴胺表现出亲 Li 特性。这种亲 Li 性凝胶聚合物电解质在调节 Li 负极的形核和剥离/沉积过程中起关键作用，从而获得了长期循环过程中稳定的 SEI 层和光滑的负极表面。此外，聚多巴胺通过与多硫化物的强相互作用，限制了多硫化物的穿梭效应。基于以上优势，采用 PDA-PVDF 凝胶聚合物电解质的半固态锂硫电池，不仅具有稳定的 Li 负极，而且还表现出优异的循环性能（每圈充放电循环容量衰减率为 0.14%）和较高的库仑效率（98%）。

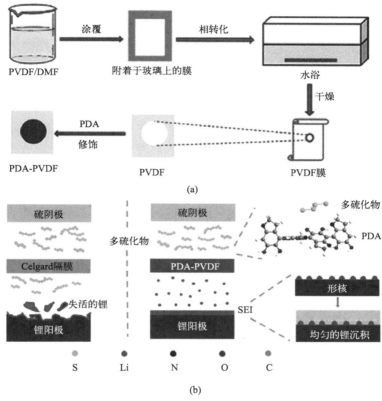

图 3-6　PDA-PVDF 制备过程（a）及其对 Li 沉积过程影响（b）示意图[55]

PVDF-HFP 作为半结晶聚合物电解质，同样受到了研究学者的广泛关注，因为其结晶单元为加工自支撑膜提供了出色的化学稳定性和机械稳定性，非晶组分增加了电解质柔韧性并可以吸收大量的液体电解质，从而有利于提高离子电导率[56]。研究学者采用静电纺丝技术制备了 PVDF-HFP 聚合物电解质，其相互连通的形貌特征有利于电解质获得优异的力学性能（相比于液相反应制备的 GPE 膜拉伸强度提高 200%～350%）。采用商业 SiO_2（f-SiO_2）作填充剂，改善了电解质的表面积和孔体积，增强了液体电解质的吸收率，从而提高了电解质的离子传导性能[57]。获得的 PVDF-HFP-f-SiO_2 电解质具有较高的液体电解质吸收率（> 250%）、较高的离子电导率、较好的尺寸稳定性、较低的界面电阻和较高的电化学稳定性等优势。同时 f-SiO_2 的引入有助于在电极表面形成陶瓷颗粒绝缘层，阻碍电极副反应的发生，从而进一步增强电池循环稳定性。采用 10%（质量分数）的 PVDF-HFP-f-SiO$_2$ 电解质的锂硫电池表现出较高的库仑效率（98%～99%）、良好的循环稳定性（每圈循环容量衰减率为 0.055%）以及较高的初始放电容量（895mA·h·g^{-1}），说明该电解质有效抑制了锂硫电池中多硫化物的穿梭现象，为今后发展高性能柔性锂硫电池提供了借鉴。该研究还表明 GPE 电解质的离子电导率还与填充剂和液态电解质的键合性质有关，采用纳米 SiO$_2$ 作为填充剂的 PVDF-HFP 膜表现出更高的室温离子电导率（9.48×10^{-3}S·cm^{-1}）[57]，然而目前关于其键合作用机制尚无定论，需要进一步研究以揭示相关机理。

除上述采用陶瓷颗粒填充提高 GPE 离子电导率的方法，对 GPE 表面功能化处理有利于获得多孔结构的 GPE，从而有效改善其液态电解质吸收率，提高离子电导率。通过在 50mL 四氢呋喃（THF）中进行甲基丙烯酸甲酯（MMA）（0.1mol）和甲基丙烯酰氧基丙基三甲氧基硅烷（MPTMS）（10mmol）的自由基聚合反应，研究学者合成了带有三甲氧基硅烷基团的功能化聚甲基丙烯酸甲酯（PMMA），并与 PVDF-HFP 混合制备 GPE[58]。三甲氧基硅烷基团和聚合物链之间的共价键，可以抑制由于 GPE 在吸收液体电解质后体积膨胀而引起的形态变化，获得了较小尺寸并且孔隙分布均匀的 PMMA-PVDF-HFP 电解质，这将有利于改善电解质对液态电解液的吸收能力，以及循环过程中电解质的形态稳定性。该 PMMA-PVDF-HFP 电解质获得了 131% 的液态电解质吸收率，相比于单纯的 PVDF-HFP 提高了 7%。相比于 PVDF-HFP，PMMA-PVDF-HFP 电解质有效抑制了多硫化物的穿梭效应。采用 PMMA-PVDF-HFP 作为电解质的锂硫电池表现出稳定的循环性能，在 100 圈充放电循环测试后仍具有 1050mA·h·g^{-1} 的放电容量。

金属有机框架材料（MOF），是一种由过渡金属阳离子和有机配体组成的多孔材料。因其具有开放金属位点和有机官能团的独特结构，MOF 基材料表现出高的孔隙率和离子选择性。采用 MOF 修饰 PVDF 电解质可以改善其形貌结构，获得孔隙组成均匀的 GPE 电解质。例如，研究学者采用具有适当孔隙结构和丰富路易斯酸性位点的 Mg（Ⅱ）的 MOF 材料（Mg-MOF-74）改性基于 PVDF 的 GPE[59]。由于电解质中的阴离子与阳离子具有相反的迁移方向，阴离子迁移过程会阻碍阳离子的迁移。由于空间位阻和路易斯酸碱效应，Mg-MOF-74 材料可以有效地限制孔内的 TFSI$^-$ 阴离子 [图 3-7(a)]。当 TFSI$^-$ 阴离子固定后，基于空间电荷理论，更有利于 Li$^+$ 通过一维通道从电解质移动到 Li 负极。因此所获得的 GPE，具有较高 Li$^+$ 迁移数（$n = 0.66$），有效促进了 Li 的迁移和均匀沉积。使用 MOF-PVDF GPE 的锂硫电池中的 Li 负极呈现出均匀的形貌和稳定的 SEI 膜。得益于 MOF-PVDF GPE 优异的结构和性能，其组装的锂硫电池［图 3-7(b)］表现出良好的循环稳定性，在 0.1C 倍率下充放电循环 200 圈后仍具有 981.1mA·h·g^{-1} 的放电容量，每圈循环过程的容量衰减率仅为 0.14%。

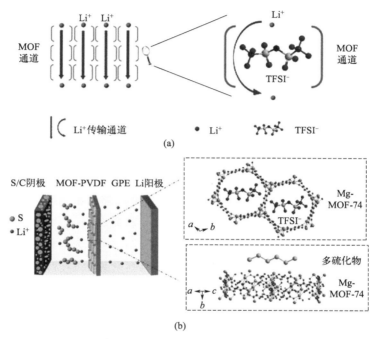

图 3-7　Mg-MOF-74 材料中 Li$^+$ 迁移过程分析及 MOF-PVDF GPE 组装的锂硫电池示意图[59]

相比于 PVDF 基 GPE 电解质体系，季戊四醇四丙烯酸酯（PETEA）表现出较好的电极-电解质界面接触性和稳定性。研究学者采用由 1.5%（质量分数）的 PETEA 单体和 0.1%（质量分数）的偶氮二异丁腈引发剂，溶解在由 1mol·L^{-1} LiTFSI 和 1,2-二氧戊环（DOL）/二甲氧基甲烷（DME）（体积比为 1∶1）组成的液态电解质中，并且加入 1%（质量分数）LiNO$_3$ 添加剂制备 PETEA GPE[60]。得益于 PETEA 独特的结构：①PETEA 单体具有对称的星形结构，每个分子中有四个 C ＝C 键，与其他单体相比，该聚合的 PETEA 具有更高的交联度；②富醚键聚合的 PETEA 与醚类液态电解质之间的结构相似性，保证了聚合物基体与液态电解质之间的良好相容性，获得的 PETEA 基 GPE 表现出高的离子电导率 1.13×10^{-2}S·cm^{-1}，甚至接近于液态电解质体系（1.19×10^{-2}S·cm^{-1}）。PETEA GPE 具有较高的 Li$^+$ 迁移数（n＝0.47），有利于降低电池的极化。此外，该电解质促进了硫电极上稳定的钝化层的形成，从而可以有效地抑制多硫化物的扩散，并保持稳定的电解质/电极界面。多硫化物与聚合的 PETEA 的酯基团（C═O）中的氧供体原子之间的强相互作用，也有利于多硫化物的固定，减少多硫化物的穿梭。基于上述优异的特性，所组装的锂硫电池表现出较高倍率容量（在 $1C$ 下放电容量为 $601.2mA \cdot h \cdot g^{-1}$）和较好的容量保持率（在 $0.5C$ 下进行 400 圈循环后为 81.9%）。后续研究工作中进一步采用第一性原理，计算证实了 PETEA 中酯官能团具有优异的多硫化物固定能力和抑制其穿梭性能[61]。这种新型 GPE 电解质为固态锂硫电池的发展开辟了新道路。此外，由于 PETEA 基电解质具有较高离子电导率和安全性等优势，研究学者提出将 PETEA 基电解质用于钠硫电池，以获得稳定的电极-电解质界面，限制多硫化物的穿梭，进而增强钠硫电池的循环稳定性[62]。结果表明，该 PETEA 基电解质室温下的离子电导率可以达到 $3.85 \times 10^{-3} S \cdot cm^{-1}$，并且具有较高的 Na^+ 迁移数（$n = 0.34$），采用该电解质的钠硫电池在 $0.1C$ 倍率下充放电循环 100 圈后，仍具有 $736mA \cdot h \cdot g^{-1}$ 的放电容量。

为了克服由 GPE 中的挥发性和易燃性溶剂引起的安全风险，离子液体也被研究作为增塑溶剂掺入多孔 GPE 膜中。研究学者发展了含有 $0.5mol \cdot L^{-1}$ LiTFSI-P_{14}TFSI 离子液体的 PVDF-HFP GPE[63]。该电解质在室温下的离子电导率为 $2.54 \times 10^{-4} S \cdot cm^{-1}$，电池的初始放电容量为 $1217.7mA \cdot h \cdot g^{-1}$。在该电解质体系中，离子液体具有较低供体能力，从而降低了多硫化锂在 PVDF-HFP GPE 中的溶解度，有效抑制了多硫化物的穿梭效应，进而改善了锂硫电池的循环性能，在 $50mA \cdot g^{-1}$ 的电流密度下经过 20 圈循环后仍可保持 $818mA \cdot h \cdot g^{-1}$ 的可逆容量。

3.2.2　无机固态电解质

无机固态电解质可有效防止液态电解质和聚合物凝胶电解质存在的挥发、泄漏和易燃等问题。无机固态电解质的 Li^+ 迁移数接近于 1（只有 Li^+ 可以迁移），并且可以作为隔膜物理阻止多硫化物的溶解和扩散，防止枝晶刺穿造成电池短路。目前，多种无机锂离子导体，例如 Li_2S-SiS_2、Li_2S-P_2S_5、Li^+ 超离子导体（LISICON）、$Li_{1.5}Al_{0.5}Ge_{1.5}(PO_4)_3$（LAGP）、$Li_{10}GeP_2S_{12}$ 和 $LiBH_4$ 等已被作为全固态锂硫电池中的固态电解质受到研究。其中，LISICON 型固态电解质是室温下电导率大于 $10^{-3} S \cdot cm^{-1}$ 的 Li 离子导体，在固态锂离子电池电解质的研究中受到广泛关注。其与 C-S 复合正极组装的全固态锂硫电池，在 $0.013 mA \cdot cm^{-2}$ 的电流密度下表现出 $900mA \cdot h \cdot g^{-1}$ 的可逆容量[64]，然而固态电解质与负极的界面相容性问题制约了全固态锂硫电池的发展。在电池工作过程中固态电解质会通过消耗 Li 金属负极中的 Li^+ 和电子而发生还原反应，形成 SEI 层。不同的固态电解质表现出不同的 SEI 层性质。通常在 LiPON、$Li_7P_3S_{11}$ 和 Li_6PS_5Cl 固态电解质体系中，形成的 SEI 层具有较高的锂离子电导率和较小的电子电导率，有利于阻止 Li 金属与固态电解质之间的进一步反应。而在 $Li_{10}GeP_2S_{12}$ (LGPS)、$Li_{10}SnP_2S_{12}$ (LSPS)、$Li_7P_3S_{11}$、LAGP 等体系中形成的 SEI 层是电子和 Li^+ 的混合导体，会促进固态电解质与 Li 电极之间的反应，导致电解质的不断失效和 SEI 层的持续生长，加速了电池的容量衰减。目前发展了固体电解质表面修饰（例如，表面沉积 Ge 薄膜[65] 等）、Li 电极合金化（例如，Li-In）以及采用混合电解质等方法来改善界面稳定性[66]。

硫化物固态电解质具有制备简单，以及与 S 正极较好的界面相容性等优势而受到关注，其在室温下具有 $10^{-3} \sim 10^{-2} S \cdot cm^{-1}$ 的离子电导率。可采用球磨-烧结、水热-固相烧结等方法制备，但是其中球磨的方法制备时间较长，不利于规模化生产，而室温下液相反应的方法获得的固态电解质具有较低的离子电导率。基于此，固相烧结的制备方法被发展，以实现简便快速地获得高电导率的硫化物固态电解质。值得注意的是，在该制备过程中，烧结温度对于电解质的性能具有重要影响，温度过低会造成前驱体粉末反应不充分，无法得到良好结晶性的硫化物，而温度过高会在电解质中引入杂质相，不利于导电性的提升。研究学者发现 550℃ 下烧结 10min 获得的 Li_6PS_5Cl 固态电解质表现出 $3.15 \times 10^{-3} S \cdot cm^{-1}$ 的离子电导率[67]。与纳米 S/多壁碳纳米管正极、Li-In 合金负极组装的全固态锂硫电池，在 $0.176mA \cdot cm^{-2}$ 电流密度下可获得 $1850mA \cdot h \cdot g^{-1}$ 的放电容量，在 50 圈充放电循环后仍保持 $1393mA \cdot h \cdot g^{-1}$。$Li_{10}SnP_2S_{12}$ 固态电解质也是硫化物电解质中可以有效改善穿梭效应的电解质体系，并且可以实现锂电极的高容量利用[68]。可以通过对 Li_2S、P_2S_5 和 SnS_2 的混合物进行高能量球磨，再进行简单热处理工艺，实现 $Li_{10}SnP_2S_{12}$ 固态电解质的高效制备。研究学者通过分析热处理温度对 $Li_{10}SnP_2S_{12}$ 的锂离子电导率的影响，发现在 500℃ 下热处理的样品具有较小的离子电导率，随着温度升高，离子电导率升高，在 600℃ 的处理温度下获得最佳的离子电导率（室温下为 $3.2 \times 10^{-3} S \cdot cm^{-1}$）。基于该固态电解质，与 $S-C-Li_{10}SnP_2S_{12}$ 复合正极、Li-In 合金负极组装的全固态锂硫电池（图 3-8），表现出较好的化学稳定性、较高的可逆容量（在 $40mA \cdot g^{-1}$ 时为 $1601.7mA \cdot h \cdot g^{-1}$）以及接近 100% 的库仑效率。尽管硫化物固态电解质受到广泛研究，但是为了获得较好的电池稳定性，减少固态电解质与锂金属的还原反应，通常需要采用比 Li 负极具有更高电势的 Li 合金作为电池负极［例如，LiIn 和 $Li_{38}Al_{68}$，在 298K 下的电势分别为 0.62V 和 0.38V(vs. Li/Li^+)］。但这种合金负极的使用会降低电池电压，从而损失了能量密度。因此，高能量密度全固态锂硫电池的未来成功应用，不仅依赖于开发具有高锂离子电导率的固态电解质，同时电解质与电极的相容性等相关研究工作也至关重要。

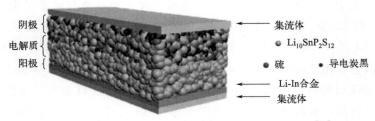

图 3-8　S-C-$Li_{10}SnP_2S_{12}$/Li-In 全固态锂硫电池结构[68]

　　硫化物固态电解质同样适用于钠硫电池。例如，研究学者将 Na_3PS_4 作为钠硫电池固态电解质[69]，Na_3PS_4-Na_2S-C 作为正极组装钠硫电池。其中具有较高离子电导率的 Na_3PS_4（室温下离子电导率为 1.09×10^{-4} S·cm^{-1}）不仅可作为固态电解质，也可用作正极活性材料，有效保证了电极和电解质良好的界面接触性。同时，Na_2S 的引入有利于提高钠硫电池容量。复合材料中 Na_3PS_4、Na_2S 纳米粒子和碳的均匀分布，为电极和电解质提供了有利的离子和电子传输通道，以及稳定的电极-电解质界面。最终，组装的钠硫电池在 $60℃$ 工作温度下，在 50 mA·g^{-1} 的电流密度下，获得了 869.2 mA·h·g^{-1} 的放电容量。

　　相比于硫化物固态电解质，氢化物基快速锂离子导体具有有利的力学性能，可以使活性材料和电解质颗粒之间形成紧密的界面，有利于改善上述硫化物固态电解质与电极的界面相容性。$LiBH_4$ 是典型的复合氢化物基固态电解质，在 390K 以上时，锂离子电导率超过 2×10^{-3} S·cm^{-1}，这种高电导率的实现伴随着高温下从正交晶系向六方晶系的结构转变。$LiBH_4$ 通过其固有的可移动离子缺陷以及具有的低活化能 Li 迁移位点，实现了快速的 Li^+ 传导。$LiBH_4$ 作为典型的配位氢化物，通过 Li^+ 和配位阴离子 $[BH_4]^-$ 之间离子键的形成，可以与 Li 电极形成稳定界面，赋予其与 Li 负极良好的电化学相容性[70]。在室温下单轴加压即可获得活性材料和电解质颗粒之间的紧密界面，从而促进电荷在电极与固态电解质中的传输。基于 $LiBH_4$ 固态电解质组装的全固态锂硫电池，在 0.5C 的倍率下可以保持 630 mA·h·g^{-1} 的放电容量[71]。

　　固态电解质也可作为隔膜以抑制多硫化物的穿梭，从而改善锂硫电池性能。NASICON 型固态电解质在大气环境中可稳定存在，是理想的隔膜材料。通常采用化学计量比的前驱体粉末通过固相烧结的方法制备 NASICON 型隔膜。例如，以 Li_2CO_3、TiO_2、$(NH_4)_2HPO_4$ 和 Al_2O_3 为前驱体制备化学式为 $Li_{1.3}Al_{0.3}$ $Ti_{1.7}(PO_4)_3$ 的 NASICON 型固态电解质，以 1 mol·L^{-1} 三氟甲基磺酸锂（lithium trifluoromethanesulonate，LiTf）溶于 DOL-DME 溶剂中作为负极电解质，Li_2S_6-LiTf-DOL-DME 为正极电解质组装锂硫电池，表现出高库仑效率（接近100％）[72]。但是，NASICON 隔膜在锂硫电池充放电过程中的稳定性，是其广泛应用面临的重要挑战，受到离子嵌入以及电解液腐蚀的影响。

分析锂硫电池中 NASICON 型隔膜的稳定性限制因素发现，由于 $Li_{1.3}Al_{0.3}Ti_{1.7}(PO_4)_3$ 固态电解质的还原电位较高，在多硫化物溶液中会发生锂化反应，并且 Ti^{4+} 被还原为 Ti^{3+}[72]。同时，Li_2CO_3 颗粒在电解质表面附着，阻碍了 Li^+ 在液态电解质和固态电解质之间的传输。Li^+ 嵌入 NASICON 结构后，晶体会发生各向异性膨胀，会削弱微晶的连接，并在陶瓷膜中产生小裂纹。长期循环后，多硫化物溶液会腐蚀晶界，留下许多孔洞，加速多硫化物扩散，造成电池性能下降。该研究为锂硫电池中无机固体电解质稳定性研究提供了有力指导，即固态电解质材料的稳定性不仅与其化学和电化学稳定性密切相关，而且晶界的性质也是重要限制因素。目前，发展了多种方法改善固态电解质的稳定性，例如：①在 NASICON 结构中用 Ge、Zr、Ca 或其他离子替代 Ti，以获得适用于锂硫电池电解质的稳定的电化学窗口[73]；②在固态电解质表面引入保护性薄膜，以获得固态电解质和电极之间的稳定界面[74]；③减少晶界中的非晶成分和第二相，以提高晶界的耐久性。总之，为了使锂离子电池具有更长的循环寿命，必须开发具有高度稳定的晶界和长期化学稳定性的固态电解质。

除用作锂硫电池中的隔膜材料，NASICON 型材料还可用作全固态钠硫电池的电解质。然而，固态电解质和电极之间较差的界面接触，以及较高的电极-电解质界面电阻，限制了其应用。研究学者提出在 $Na_3Zr_2Si_2PO_{12}$ 固态电解质表面引入超薄纳米多孔薄膜，以改善电极-电解质界面接触[75]。结果表明，采用该固态电解质的钠硫电池表现出两个较为稳定的充放电电压区域，并且具有较好的循环稳定性和倍率性能，在 $C/20$ 倍率下，电池可以达到 $1000mA \cdot h \cdot g^{-1}$ 的放电容量，在 $C/5$ 倍率下，仍具有 $700mA \cdot h \cdot g^{-1}$ 的放电容量。同时，通过对充放电循环测试后的 $Na_3Zr_2Si_2PO_{12}$ 固态电解质表面进行小角度 X 射线衍射分析发现，循环前后电解质表面具有相似的组成，没有检测到附着的多硫化物，证实了固态电解质具有抑制多硫化物穿梭的作用。

尽管无机固态电解质具有化学稳定性等优势，但是在形成用于电化学反应的有效固态电解质-固体电极界面方面仍然存在许多困难。同时，Li^+ 在固态电解质中的扩散速度非常慢，这极大地降低了锂硫电池的功率，特别是在低温和/或大倍率工作条件下的应用。因此，大多数基于固态电解质的锂硫电池由于离子电导率比较低，并且有些限制在高温工作环境等，目前无法满足大规模应用的需求。

参考文献

[1] Barghamadi M，Best A S，Bhatt A I，et al. Lithium-sulfur batteries—The solution is in the electrolyte，but is the electrolyte a solution? Energy and Environmental Science，2014，7（12）：3902-3920.

[2] Zhang S，Ueno K，Dokko K，et al. Recent advances in electrolytes for lithium-sulfur batteries. Advanced Energy Materials，2015，5（16）：1500117.

[3] Li G，Li Z，Zhang B，et al. Developments of electrolyte systems for lithium-sulfur batteries：A review. Frontiers in Energy Research，2015，3：5.

[4] Li T，Xu J，Wang C，et al. The latest advances in the critical factors（positive electrode，electrolytes，separators）for sodium-sulfur battery. Journal of Alloys and Compounds，2019，792：797-817.

[5] Nikiforidis G，van de Sanden M C M，Tsampas M N. High and intermediate temperature sodium-sulfur batteries for energy storage：development，challenges and perspectives. RSC Advances，2019，9（10）：5649-5673.

[6] Kummer J T，Weber N. A sodium-sulfur secondary battery. SAE Technical Papers，1967：1003-1028.

[7] Lu X，Xia G，Lemmon J P，et al. Advanced materials for sodium-beta alumina batteries：Status，challenges and perspectives. Journal of Power Sources，2010，195（9）：2431-2442.

[8] Lu X，Kirby B W，Xu W，et al. Advanced intermediate-temperature Na-S battery. Energy and Environmental Science，2013，6（1）：299-306.

[9] Wang Y X，Zhang B，Lai W，et al. Room-temperature sodium-sulfur batteries：A comprehensive review on research pogress and cell chemistry. Advanced Energy Materials，2017，7（24）：1602829.

[10] Gao J，Lowe M A，Kiya Y，et al. Effects of liquid electrolytes on the charge-discharge performance of rechargeable lithium/sulfur batteries：Electrochemical and in-situ X-ray absorption spectroscopic studies. The Journal of Physical Chemistry C，2011，115（50）：25132-25137.

[11] Hu L，Lu Y，Zhang T，et al. Ultramicroporous carbon through an activation-free approach for Li-S and Na-S batteries in carbonate-based electrolyte. ACS Applied Materials and Interfaces，2017，9（16）：13813-13818.

[12] Li X，Banis M，Lushington A，et al. A high-energy sulfur cathode in carbonate electrolyte by eliminating polysulfides via solid-phase lithium-sulfur transformation. Nature Communications，2018，9（1）：4509.

[13] Warneke S，Hintennach A，Buchmeiser M R. Communication—Influence of carbonate-based electrolyte composition on cell performance of SPAN-based lithium-sulfur-batteries. Journal of the Electrochemical Society，2018，165（10）：A2093-A2095.

[14] Zheng S，Han P，Han Z，et al. Nano-copper-assisted immobilization of sulfur in high-surface-area mesoporous carbon cathodes for room temperature Na-S batteries. Advanced Energy Materials，2014，4（12）：1400226.

[15] Wang J, Yang J, Nuli Y, et al. Room temperature Na/S batteries with sulfur composite cathode materials. Electrochemistry Communications, 2007, 9 (1): 31-34.

[16] Aurbach D, Pollak E, Elazari R, et al. On the surface chemical aspects of very high energy density, rechargeable Li-sulfur batteries. Journal of the Electrochemical Society, 2009, 156 (8): A694-A702.

[17] Chen X, Hou T Z, Li B, et al. Towards stable lithium-sulfur batteries: Mechanistic insights into electrolyte decomposition on lithium metal anode. Energy Storage Materials, 2017, 8: 194-201.

[18] Chen S, Dai F, Gordin M L, et al. Exceptional electrochemical performance of rechargeable Li-S batteries with a polysulfide-containing electrolyte. Rsc Advances, 2013, 3 (11): 3540-3543.

[19] Xiong S, Xie K, Diao Y, et al. On the role of polysulfides for a stable solid electrolyte interphase on the lithium anode cycled in lithium-sulfur batteries. Journal of Power Sources, 2013, 236: 181-187.

[20] Cheng X B, Peng H J, Huang J Q, et al. Dual-phase lithium metal anode containing a polysulfide-induced solid electrolyte interphase and nanostructured graphene framework for lithium-sulfur batteries. ACS Nano, 2015, 9 (6): 6373-6382.

[21] Gao M, Su C, He M, et al. A high performance lithium-sulfur battery enabled by a fish-scale porous carbon/sulfur composite and symmetric fluorinated diethoxyethane electrolyte. Journal of Materials Chemistry A, 2017, 5 (14): 6725-6733.

[22] Zu C, Azimi N, Zhang Z, et al. Insight into lithium-metal anodes in lithium-sulfur batteries with a fluorinated ether electrolyte. Journal of Materials Chemistry A, 2015, 3 (28): 14864-14870.

[23] Lau K C, Rago N L D, Liao C. Lipophilic additives for highly concentrated electrolytes in lithium-sulfur batteries. Journal of the Electrochemical Society, 2019, 166 (12): A2570-A2573.

[24] Zhang S S. Role of $LiNO_3$ in rechargeable lithium/sulfur battery. Electrochimica Acta, 2012, 70: 344-348.

[25] Kim H S, Jeong C S, Kim Y T. Shuttle inhibitor effect of lithium perchlorate as an electrolyte salt for lithium-sulfur batteries. Journal of Applied Electrochemistry, 2012, 42 (2): 75-79.

[26] Carbone L, Gobet M, Peng J, et al. Comparative study of ether-based electrolytes for application in lithium-sulfur battery. ACS Applied Materials and Interfaces, 2015, 7 (25): 13859-13865.

[27] Zhao C Z, Cheng X B, Zhang R, et al. Li_2S_5-based ternary-salt electrolyte for robust lithium metal anode. Energy Storage Materials, 2016, 3: 77-84.

[28] Xiong S, Xie K, Diao Y, et al. Characterization of the solid electrolyte interphase on lithium anode for preventing the shuttle mechanism in lithium-sulfur batteries. Journal of Power Sources, 2014, 246: 840-845.

[29] Sun M, Wang X, Wang J, et al. Assessment on the self-discharge behavior of lithium-sulfur batteries with $LiNO_3$-possessing electrolytes. ACS Applied Materials and Inter-

faces，2018，10（41）：35175-35183.

[30]   Lee D J，Agostini M，Park J W，et al. Progress in lithium-sulfur batteries：The effec-
       tive role of a polysulfide-added electrolyte as buffer to prevent cathode dissolution. Chem
       Sus Chem，2013，6（12）：2245-2248.

[31]   Wu F，Lee J T，Nitta N，et al. Lithium iodide as a promising electrolyte additive for
       lithium-sulfur batteries：Mechanisms of performance enhancement. Advanced Materials，
       2015，27（1）：101-108.

[32]   Yoon S，Lee Y H，Shin K H，et al. Binary sulfone/ether-based electrolytes for re-
       chargeable lithium-sulfur batteries. Electrochimica Acta，2014，145：170-176.

[33]   Ryu H，Kim T，Kim K，et al. Discharge reaction mechanism of room-temperature sodi-
       um-sulfur battery with tetra ethylene glycol dimethyl ether liquid electrolyte. Journal of
       Power Sources，2011，196（11）：5186-5190.

[34]   Carter R，Oakes L，Douglas A，et al. A sugar-derived room-temperature sodium sulfur
       battery with long term cycling stability. Nano Letters，2017，17（3）：1863-1869.

[35]   Di Lecce D，Minnetti L，Polidoro D，et al. Triglyme-based electrolyte for sodium-ion
       and sodium-sulfur batteries. Ionics，2019，25（7）：3129-3141.

[36]   Sun X G，Wang X，Mayes R T，et al. Lithium-sulfur batteries based on nitrogen-doped
       carbon and an ionic-liquid electrolyte. Chem Sus Chem，2012，5（10）：2079-2085.

[37]   Salitra G，Markevich E，Rosenman A，et al. High-performance lithium-sulfur batteries
       based on ionic-liquid electrolytes with bis（fluorolsufonyl）imide anions and sulfur-encap-
       sulated highly disordered activated carbon. Chem Electro Chem，2014，1（9）：1492-
       1496.

[38]   Park J W，Yamauchi K，Takashima E，et al. Solvent effect of room temperature ionic
       liquids on electrochemical reactions in lithium-sulfur batteries. Journal of Physical Chem-
       istry C，2013，117（9）：4431-4440.

[39]   Mandai T，Yoshida K，Ueno K，et al. Criteria for solvate ionic liquids. Physical Chemis-
       try Chemical Physics，2014，16（19）：8761-8772.

[40]   Ueno K，Park J W，Yamazaki A，et al. Anionic effects on solvate ionic liquid electro-
       lytes in rechargeable lithium-sulfur batteries. Journal of Physical Chemistry C，2013，
       117（40）：20509-20516.

[41]   Dokko K，Tachikawa N，Yamauchi K，et al. Solvate ionic liquid electrolyte for Li-S bat-
       teries. Journal of the Electrochemical Society，2013，160（8）：A1304-A1310.

[42]   Wu F，Zhu Q，Chen R，et al. A safe electrolyte with counterbalance between the ionic
       liquid and tris（ethylene glycol）dimethyl ether for high performance lithium-sulfur bat-
       teries. Electrochimica Acta，2015，184：356-363.

[43]   Choi J W，Cheruvally G，Kim D S，et al. Rechargeable lithium/sulfur battery with liq-
       uid electrolytes containing toluene as additive. Journal of Power Sources，2008，183
       （1）：441-445.

[44]   Wei S，Xu S，Agrawral A，et al. A stable room-temperature sodium-sulfur battery. Nature
       Communications，2016，7：11722.

[45]   Li N，Weng Z，Wang Y，et al. An aqueous dissolved polysulfide cathode for lithium-sul-

fur batteries. Energy and Environmental Science, 2014, 7 (10): 3307-3312.

[46] Li N, Wang Y, Tang D, et al. Integrating a photocatalyst into a hybrid lithium-sulfur battery for direct storage of solar energy. Angewandte Chemie-International Edition, 2015, 54 (32): 9271-9274.

[47] Lin D, Liu Y, Cui Y. Reviving the lithium metal anode for high-energy batteries. Nature Nanotechnology, 2017, 12 (3): 194-206.

[48] Marmorstein D, Yu T H, Striebel K A, et al. Electrochemical performance of lithium/ sulfur cells with three different polymer electrolytes. Journal of Power Sources, 2000, 89 (2): 219-226.

[49] Zhang N, He J, Han W, et al. Composite solid electrolyte PEO/SN/LiAlO$_2$ for a solid-state lithium battery. Journal of Materials Science, 2019, 54: 9603-9612.

[50] Sheng O, Jin C, Luo J, et al. Ionic conductivity promotion of polymer electrolyte with ionic liquid grafted oxides for all-solid-state lithium-sulfur batteries. Journal of Materials Chemistry A, 2017, 5 (25): 12934-12942.

[51] Das S, Ghosh A. Ion conduction and relaxation in PEO-LiTFSI-Al$_2$O$_3$ polymer nanocomposite electrolytes. Journal of Applied Physics, 2015, 117 (17): 174103.

[52] Xu X, Hou G, Nie X, et al. Li$_7$P$_3$S$_{11}$/poly (ethylene oxide) hybrid solid electrolytes with excellent interfacial compatibility for all-solid-state batteries. Journal of Power Sources, 2018, 400: 212-217.

[53] Li X, Wang D, Wang H, et al. Poly (ethylene oxide) -Li$_{10}$SnP$_2$S$_{12}$ composite polymer electrolyte enables high-performance all-solid-state lithium sulfur battery. ACS Applied Materials and Interfaces, 2019, 11 (25): 22745-22753.

[54] Jeong S S, Lim Y T, Choi Y J, et al. Electrochemical properties of lithium sulfur cells using PEO polymer electrolytes prepared under three different mixing conditions. Journal of Power Sources, 2007, 174 (2): 745-750.

[55] Han D D, Liu S, Liu Y T, et al. Lithiophilic gel polymer electrolyte to stabilize the lithium anode for a quasi-solid-state lithium-sulfur battery. Journal of Materials Chemistry A, 2018, 6 (38): 18627-18634.

[56] Abbrent S, Plestil J, Hlavata D, et al. Crystallinity and morphology of PVdF-HFP-based gel electrolytes. Polymer, 2001, 42 (4): 1407-1416.

[57] Shanthi P M, Hanumantha P J, Albuquerque T, et al. Novel composite polymer electrolytes of PVdF-HFP derived by electrospinning with enhanced Li-ion conductivities for rechargeable lithium-sulfur batteries. ACS Applied Energy Materials, 2018, 1 (2): 483-494.

[58] Jeddi K, Ghaznavi M, Chen P. A novel polymer electrolyte to improve the cycle life of high performance lithium-sulfur batteries. Journal of Materials Chemistry A, 2013, 1 (8): 2769-2772.

[59] Han D D, Wang Z Y, Pan G L, et al. Metal-organic-framework-based gel polymer electrolyte with immobilized anions to stabilize a lithium anode for a quasi-solid-state lithium-sulfur battery. ACS Applied Materials and Interfaces, 2019, 11 (20): 18427-18435.

[60] Liu M, Zhou D, He Y B, et al. Novel gel polymer electrolyte for high-performance lith-

ium-sulfur batteries. Nano Energy, 2016, 22: 278-289.

[61] Liu M, Jiang H R, Ren Y X, et al. In-situ fabrication of a freestanding acrylate-based hierarchical electrolyte for lithium-sulfur batteries. Electrochimica Acta, 2016, 213: 871-878.

[62] Zhou D, Chen Y, Li B, et al. A stable quasi-solid-state sodium-sulfur battery. Angewandte Chemie-International Edition, 2018, 57 (32): 10168-10172.

[63] Jin J, Wen Z, Liang X, et al. Gel polymer electrolyte with ionic liquid for high performance lithium sulfur battery. Solid State Ionics, 2012, 225: 604-607.

[64] Kobayashi T, Imade Y, Shishihara D, et al. All solid-state battery with sulfur electrode and thio-LISICON electrolyte. Journal of Power Sources, 2008, 182 (2): 621-625.

[65] Liu Y, Li C, Li B, et al. Germanium thin film protected lithium aluminum germanium phosphate for solid-state Li batteries. Advanced Energy Materials, 2018, 8 (16): 1702374.

[66] Umeshbabu E, Zheng B, Zhu J, et al. Stable cycling lithium-sulfur solid batteries with enhanced $Li/Li_{10}GeP_2S_{12}$ solid electrolyte interface stability. ACS Applied Materials and Interfaces, 2019, 11 (20): 18436-18447.

[67] Wang S, Zhang Y, Zhang X, et al. High-conductivity argyrodite Li_6PS_5Cl solid electrolytes prepared via optimized sintering processes for all-solid-state lithium-sulfur batteries. ACS Applied Materials and Interfaces, 2018, 10 (49): 42279-42285.

[68] Yi J, Chen L, Liu Y, et al. High capacity and superior cyclic performances of all-solid-state lithium-sulfur batteries enabled by a high-conductivity $Li_{10}SnP_2S_{12}$ solid electrolyte. ACS Applied Materials and Interfaces, 2019, 11 (40): 36774-36781.

[69] Yue J, Han F, Fan X, et al. High-performance all-inorganic solid-state sodium-sulfur battery. ACS Nano, 2017, 11 (5): 4885-4891.

[70] Unemoto A, Matsuo M, Orimo S I. Complex hydrides for electrochemical energy storage. Advanced Functional Materials, 2014, 24 (16): 2267-2279.

[71] Unemoto A, Yasaku S, Nogami G, et al. Development of bulk-type all-solid-state lithium-sulfur battery using $LiBH_4$ electrolyte. Applied Physics Letters, 2014, 105 (8): 083091.

[72] Wang S, Ding Y, Zhou G, et al. Durability of the $Li_{1+x}Ti_{2-x}Al_x(PO_4)_3$ solid electrolyte in lithium-sulfur batteries. ACS Energy Letters, 2016, 1 (6): 1080-1085.

[73] Lu Y, Alonso J A, Yi Q, et al. A high-performance monolithic solid-state sodium battery with Ca^{2+} doped $Na_3Zr_2Si_2PO_{12}$ electrolyte. Advanced Energy Materials, 2019, 9 (28): 1901205.

[74] Deng T, Ji X, Zhao Y, et al. Tuning the anode-electrolyte interface chemistry for garnet-based solid-state Li metal batteries. Advanced Materials, 2020, 32 (23): 2000030.

[75] Yu X, Manthiram A. Sodium-sulfur batteries with a polymer-coated NASICON-type sodium-ion solid electrolyte. Matter, 2019, 1 (2): 439-451.

第 4 章

金属空气电池电解质

金属空气电池作为一种高性能的电化学能量存储设备，具有理论能量密度和容量高、放电性能平稳、成本低、环境友好等特点，在大规模电化学储能、中小型移动电源、小型便携式电子装置电源及水下军用装置电源等领域受到广泛的关注和研究。金属空气电池具有特殊的半开放式结构，由正极、负极和电解质组成，其结构如图 4-1 所示[1]。正极是以空气中的氧气或纯氧作为活性物质；负极由金属或非金属构成，例如锂、锌、铝、镁、铁、钠、钾、硅和锡等；电解质涉及多种体系，如碱性、酸性或中性盐溶液，有机电解质，离子液体和半固态/固态聚合物等。

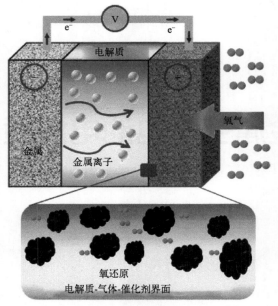

图 4-1 金属空气电池的结构示意图[1]

放电时，金属负极 M 失去电子被氧化，并将电子释放到外电路；氧（O_2）从负极接受电子被还原为含氧物质；氧的还原产物和金属离子的氧化产物在电解质中迁移并结合形成金属氧化物，反应方程式如下[2]：

负极反应： $\qquad M + nOH^- \longrightarrow M(OH)_n + ne^-$ (4-1)

正极反应： $\qquad \frac{n}{4}O_2 + \frac{n}{2}H_2O + ne^- \longrightarrow nOH^-$ (4-2)

总反应： $\qquad M + \frac{n}{4}O_2 + \frac{n}{2}H_2O \longrightarrow M(OH)_n$ (4-3)

式中，M 是负极金属；n 是金属氧化反应的价态。充电过程与放电过程相反，负极伴随金属的沉积，正极伴随氧气的析出，正极处有氧气逸出。但目前大多数金属空气电池，由于金属负极自身材料的属性，当与电解质接触时存在电极的腐蚀及自放电现象，生成氢气（H_2），反应式如下[3]：

$$M + xH_2O \longrightarrow M(OH)_x + \frac{x}{2}H_2 \tag{4-4}$$

电解质作为金属空气电池的重要组成部分，在电池电化学中起着主导作用，是传输离子以确保氧化还原反应持续进行的关键介质，对电池的循环寿命、放电电压和输出功率等性能至关重要。适用于金属空气电池的理想电解质除了具备常规电解质的基本特征以外，例如，化学性能稳定、离子电导率高、电化学窗口较宽等，还应具备较高的氧溶解度。金属空气电池的电解质主要分为水系液态电解质、非水系液态电解质和半固态/固态电解质三大类。其中，水系液态电解质主要包括碱性电解质、中性电解质和酸性电解质；非水系液态电解质主要包括有机电解质和离子液体电解质；半固态/固态电解质主要包括聚合物电解质和无机固态电解质。

金属空气电池的反应机制取决于金属负极的种类，反应机制种类较多。不同类型的金属空气电池具有不同的理论电压、理论比容量、理论能量密度及电极的电化学反应。因此，不同类型的电池体系需要与之相匹配的电解质。

金属空气电池根据其电解质的不同，可简单划分为两种类型，如图 4-2 所示[4]。一种是可以使用水系电解质的电池体系，例如铁空气电池（Fe-air）、锌空气电池（Zn-air）、镁空气电池（Mg-air）和铝空气电池（Al-air）等，这种类型的电池其金属负极对水不敏感，即与水接触时金属负极具有一定的稳定性，室温下不易与水发生剧烈化学反应；另一种是使用非水系电解质的电池体系，例如锂空气电池（Li-air）、钠空气电池（Na-air）和钾空气电池（K-air）等，这种类型的电池其负极对水敏感。锂、钠和钾碱金属会与水发生剧烈的化学反应，不做特殊处理的情况下难以直接在水系电解质中工作。金属空气电池种类繁多，各有特色，其中锂空气电池具有最高的理论能量密度，锌空气电池在二次可充的水系

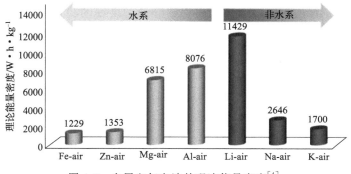

图 4-2　金属空气电池的理论能量密度[4]

金属空气电池体系中，具有较高的能量密度及安全性和较低的成本等特点，因此，锂空气电池和锌空气电池受到了研究者的广泛关注。基于以上特点，本章以锌空气电池和锂空气电池为主，介绍金属空气电池电解质的设计、制备与应用。

4.1
水系电解质

水系电解质通常是以水为溶剂，以碱性、酸性或者中性盐作为溶质组成的电解质体系。水系电解质的高离子电导率和较快的电化学反应，使金属空气电池易获得高容量和高能量效率，因而在未来电动汽车的发展及各类消费电子器件领域中，具有更广阔的应用前景。然而，目前水系金属空气电池的发展面临半开放环境中电解质易失效、工作电压窗口窄、易与电极发生副反应等挑战，导致金属空气电池较差的循环稳定性，制约了其未来规模化应用。为了克服以上瓶颈，诸多研究关注于通过对电解质进行合理设计以改善电池性能。例如，通过调控电解质组成以改善其抗碳酸盐化能力、引入添加剂以抑制电解质与金属电极副反应，以及调节电解质的 pH 值以抑制金属负极的腐蚀与自放电现象。根据电解质体系 pH 值的不同，水系电解质可分为：碱性电解质、中性电解质和酸性电解质。

4.1.1 碱性电解质

在碱性电解质中，金属空气电池放电时发生的正极氧还原反应（oxidation reduction reaction，ORR），和充电时发生的正极氧析出反应（oxygen evolution reaction，OER）具有较快的反应动力学和较低的过电势，因此碱性电解质是水系金属空气电池中应用最广泛的体系。氢氧化钾（KOH）、氢氧化钠（NaOH）和氢氧化锂（LiOH）是碱性电解质中常用的溶质。与氢氧化钠和氢氧化锂电解质相比，氢氧化钾由于具有优异的离子传导性、良好的稳定性、高氧扩散系数、低黏度以及对金属负极和空气正极良好的活性，更常用于金属空气电池中[5,6]。不同浓度和温度下，氢氧化钾溶液表现出不同的电导率。如图 4-3 所示，在氢氧化钾浓度低于 30%（质量分数）时，电导率随着氢氧化钾浓度的增加而增加；当氢氧化钾的浓度超过 30%（质量分数）（约 7mol·L^{-1}）时，电导率随着氢氧化钾浓度的增加呈现下降趋势。在室温 25℃下，30%（质量分数）的氢氧化钾溶液表现出最高的电导率（大约 640mS·cm^{-1}），因此被广泛用作锌空气电池的电解质[5]。

然而，碱性水系电解质在锌空气电池中的应用也面临着一些关键挑战，包括

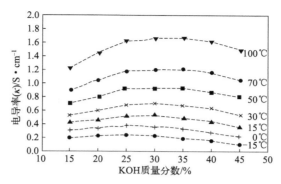

图 4-3 不同浓度和温度下氢氧化钾溶液的电导率[5]

碳酸盐化、电解质与电极之间的相互作用所产生的副反应以及半开放结构导致的电解质水分的流失，严重影响了电池的性能和寿命。例如，对于金属空气电池来说，由于其独特的半开放结构，碱性电解质中的氢氧根离子（OH^-）容易与空气中的二氧化碳（CO_2）反应，并在正极周围形成溶解度较低的碳酸盐[7,8]：

$$CO_2 + 2OH^- \longrightarrow CO_3^{2-} + H_2O \qquad (4\text{-}5)$$

产生的大量碳酸盐会沉积在正极催化剂的表面，会堵塞电极孔洞，覆盖催化剂的活性位点，造成催化剂中毒。同时，碳酸盐的产生会使电解质溶液中氢氧根离子的浓度减小，电导率降低，从而导致金属空气电池效率及使用寿命降低。为了解决碱性电解质碳酸盐化问题，研究学者发展了如下几类方法：①吸附过滤法，通过物理或化学吸附过滤二氧化碳以减少碳酸盐的形成[9]。例如，通过采用具有选择透过性的电池封装膜材料，减少二氧化碳与碱性电解质的接触，从而抑制碳酸盐的形成。②循环流动法，碱性电解质在电池内进行循环流动，有助于去除电解质中生成的碳酸盐，并不断补充氢氧根离子。③物理法，通过提高工作温度，增加碳酸盐在电解质中的溶解度。④引入添加剂法，降低碱性电解质碳酸盐化反应的速率。例如在碱性电解质中添加适量的碳酸钾（K_2CO_3），可以降低碱性电解质碳酸盐化反应速率，提高锌空气电池的循环寿命[10]。

碱性电解质与金属负极的相互作用，对负极会产生如下四种问题：①形成枝晶；②改变负极形貌；③析氢腐蚀；④钝化。例如，对于锌空气电池而言，锌枝晶通常在电池的充电过程中形成。在电池放电过程中，碱性电解质溶液中会形成$Zn(OH)_4^{2-}$，在随后的充电反应中，电极附近的$Zn(OH)_4^{2-}$获得电子被还原成金属Zn，沉积在电极表面，导致电极附近的$Zn(OH)_4^{2-}$浓度降低，进而导致远离电极处的电解液中的$Zn(OH)_4^{2-}$向电极附近扩散，补充$Zn(OH)_4^{2-}$。然而，当电池的充电电流密度较大时，$Zn(OH)_4^{2-}$扩散的速率远低于电解液中消耗的速率，因此在电解质溶液及电解质与电极接触界面会产生 $Zn(OH)_4^{2-}$ 浓差极化。$Zn(OH)_4^{2-}$ 在电解质中的不均匀分布会影响锌的沉积过程。相比于锌电极表面其他区域，$Zn(OH)_4^{2-}$ 更容易迁移至锌表面突起的尖端部分进行电荷的转移，从而造成锌的不均匀沉积，形成枝晶。与锌负极有关的另一个问题是负极形貌的变化。溶解在电解质中的锌离子在充电过程中会沉积在锌电极的不同位置，造成锌电极的形貌发生变化。锌负极的腐蚀是由于锌与碱性电解质接触时，会与电解质中的水发生反应产生氢气（该反应在电池环境中也被称为自放电）：

$$Zn + 2H_2O \longrightarrow Zn(OH)_2 + H_2 \tag{4-6}$$

钝化是指锌空气电池的放电产物 $Zn(OH)_4^{2-}$ 在电解质中达到其溶解度极限时，会分解生成 ZnO，附着在电极表面，因而会阻碍锌电极与电解质的进一步反应，导致电池不能继续放电。

基于以上讨论，研究学者进行了大量研究以改善锌电极存在的问题，提高锌空气电池的循环寿命。目前主要发展了以下几类方法：①通过调节碱性电解质的浓度以改善锌负极的腐蚀问题。对于锌空气电池而言，使用 $6mol \cdot L^{-1}$ KOH 碱性电解质虽然具有更高的电导率，但高浓度的 KOH 对锌负极腐蚀性较大，因此可以通过降低 KOH 的浓度（例如 $4mol \cdot L^{-1}$ KOH）减少碱性电解质对锌负极的腐蚀[11]。②通过向电解质中引入特定添加剂，改变电解质的组成，以减少锌负极的枝晶、钝化、形貌改变和析氢等问题。

抑制锌枝晶形成的常用添加剂包括：a. 聚合物和有机添加剂（例如，四烷基氢氧化铵[12]、三乙醇胺[13]、聚乙二醇[14] 等），通过增加电极的极化率、改善电流密度分布、降低 ZnO 在电解液中的溶解度和抑制锌的沉积动力学，促进锌的均匀沉积；b. 一些金属离子添加剂（例如，Bi^{3+}、Pd^{2+} 等），由于其比锌离子的还原电势更高，因此在电池的充电过程中，这些离子优先在锌负极表面沉积，形成新的沉积基底，从而提高锌负极的电导率，优化锌电极表面的电荷分布，促进锌的均匀沉积；c. 无机氧化物添加剂（例如，ZnO 等），通过降低锌的溶解速率和限制 $Zn(OH)_4^{2-}$ 从锌负极向电解质迁移，促进锌负极与电解质接触界面 $Zn(OH)_4^{2-}$ 浓度的均匀分布，进而促进充电过程中锌负极均匀沉积 $ZnO^{[15]}$。例如，研究学者在 KOH 电解质溶液中加入 ZnO、KF 和 K_2CO_3，作为锌空气电池电解质。相比于单纯以 KOH 作为电解质，以氧化锌饱和的 KOH-KF-K_2CO_3 为电解质的锌空气电池，循环稳定性提升了 2.5 倍以上，在 $2mA \cdot cm^{-2}$ 电流密度、20% 放电深度下，电池可以稳定循环 140h 以上[15]。

用于抑制电极形貌改变和电极钝化的添加剂是通过减少或抑制锌在碱性电解质中的溶解，改善锌的均匀沉积，从而获得均匀致密的锌电极。此类添加剂可以分为降低锌溶解的化合物（例如 ZnO）以及可与锌形成复合物的化学物质（例如醇类溶剂）等。例如，有研究学者在电解质中添加醇类（比如乙醇），由于醇盐离子（OR^-）会与电解质中的氢氧根离子（OH^-）竞争与锌离子结合的机会，形成改性的锌酸盐 $[Zn(OH)_{4-n}(OR)_n^{2-}]$，此类锌酸盐向氧化锌（ZnO）的转化要比四羟基锌酸盐$[Zn(OH)_4^{2-}]$ 向氧化锌（ZnO）转化慢[16]，从而可以抑制 ZnO 的形成，减少锌负极的钝化。

抑制电极析氢腐蚀的添加剂，主要是通过提高氢析出反应过电势，或在电极表面形成保护层，改善锌电极的腐蚀。例如，研究学者分析了磷酸、酒石酸、琥珀酸和柠檬酸作为碱性溶液的添加剂时锌电极的稳定性[17]。结果表明上述酸性添加剂会吸附在锌负极表面形成保护层，覆盖锌电极表面的部分活性位点，降低锌电极的活性，使氢析出反应过电势增加，减缓锌电极的腐蚀。

值得注意的是，锌电极在碱性电解质中发生的枝晶、形貌改变、析氢腐蚀及钝化这四个问题是相互关联、互相影响的。例如，枝晶的形成会提供更大的比表面积，但是加速了锌电极的腐蚀和析氢反应。在解决或者抑制其中某一问题时，可能会以牺牲其他方面为代价。因此在选择添加剂或优化电解质组成以改善阳极性能时，必须考虑该方法对其他性能产生的副作用。例如，在锌基电池中，可以在电解质中引入有机添加剂，通过增加电极的极化率，使电流密度更为均匀地分布，从而抑制枝晶的形成[12]。有机添加剂也可作为电极保护层，减少锌电极与电解质之间的析氢反应。通常，随着添加剂含量的增加，其对电极的保护作用增加。然而，电极表面非反应活性物质的增加，会造成电荷转移阻抗的增加，并且会隔绝锌与电解质的进一步反应，因此在抑制氢析出反应和枝晶形成的同时，也抑制了锌的溶解/沉积反应，造成了较大的电池极化。因此，在通过调控电解质组成解决锌电极问题的研究工作中，需要考虑电极的保护作用和电极的钝化作用之间的平衡关系，最大限度保证锌电极具有较高活性和利用率的同时，抑制锌电极的腐蚀、钝化和枝晶等问题。

正极碳基材料在碱性电解质中的腐蚀问题，是碱性金属空气电池面临的另一个挑战，碱性环境以及较高的 OER 反应电势会造成碳材料的氧化。如下式所示，正极碳基材料的腐蚀将导致严重的载体材料缺失，这对于电池的长期稳定性是不利的[18]。

$$C + 6OH^- \longrightarrow CO_3^{2-} + 3H_2O + 4e^- \tag{4-7}$$

为了解决碳腐蚀的问题，研究学者提出了如下方法：①引入氧化还原调节剂。通过向电解质中引入氧化还原调节剂，降低电池的充电电压，从而减缓碳腐蚀。例如向碱性 KOH 电解质中添加碘化钾（KI），可以将锌空气电池的充电电压大幅降低至 1.69V，有效减少了较高的充电过电位对正极碳材料的腐蚀[19]。②提高催化剂性能。高性能正极催化剂可以有效降低金属空气电池的充电电压，减少碳基材料在高氧化电位下的腐蚀。例如，对石墨烯纳米带材料进行氮掺杂，可获得具有吸收电子能力的吡啶基氮活性位点，从而提高了催化剂的活性，降低了电池的充电电压，获得了较高稳定性的空气正极，改善了电池循环寿命[20]。

尽管碱性电解质中存在诸如碳酸盐化，金属负极的枝晶、钝化及腐蚀和正极碳腐蚀等问题，然而其高离子电导率及高 OER/ORR 反应活性等显著优势使其在金属空气电池的发展中发挥着重要作用。可以料想，未来通过调控电解质浓度/组成，以抑制上述碱性电解质存在的问题，将使金属空气电池获得长足的发展。

4.1.2　中性电解质

与碱性电解质相比，中性电解质可以降低锌类物质的溶解度和二氧化碳的吸收[21]，具有减缓电解质的碳酸盐化和抑制金属负极枝晶形成的特点，因而近年来受到了研究者的关注。中性电解质主要采用氯化钠（NaCl）、氯化铵（NH_4Cl）、硝酸钠（$NaNO_3$）和硝酸铵（NH_4NO_3）等，目前这些中性电解质主要被用于镁空气电池、锌空气电池和铝空气电池中。对于锌空气电池，由于硝酸盐和氯化盐具有较高的离子电导率，是较为理想的中性电解质。其中，$ZnCl_2$-NH_4Cl 在商业电化学储能器件中的应用可追溯到 20 世纪，是锌碳（Leclanché）电池的常用电解质体系。同时，$ZnCl_2$ 在电镀锌行业的广泛应用，为发展中性电解质提供了有益借鉴。基于此，研究学者以 $ZnCl_2$-NH_4Cl 为溶质，NH_4OH 作为 pH 缓冲剂制备了中性电解质。结果表明，采用该中性电解质显著抑制了锌空气电池中的碳酸盐化反应，大幅提高了电池的循环寿命[18]。在 $1mA \cdot cm^{-2}$ 的电流密度下，锌空气电池可以稳定循环约 90 天，相比于以 $5mol \cdot L^{-1}$ KOH 作为电解质的碱性锌空气电池，循环寿命明显改善。

此外，中性电解质也可用于解决锌枝晶问题。例如，研究学者提出在 $ZnCl_2$-NH_4Cl 基中性电解质中引入硫脲和聚乙二醇作为添加剂。其中，锌-氨配合物如 $[Zn(NH_3)_4]^{2+}$ 可以抑制锌离子（Zn^{2+}）还原和降低锌的沉积电位，从而减少锌枝晶的形成[22]。聚乙二醇作为平滑剂改善了充电过程中锌的沉积，硫脲作为反应抑制剂影响了锌的溶解和沉积反应动力学，两者协同作用进一步抑制了锌枝晶的形成。得益于该中性电解质的锌枝晶的改善和无碳酸盐化反应，锌空气电池表现出良好的循环稳定性，在 1mA 的放电电流和 $4mA \cdot h$ 的容量下电池可以稳定循环 1440 h[22]。

近年来，研究者致力于开发一些新型中性电解质，以进一步改善使用中性电解质的金属空气电池的性能。例如，使用高浓度的由双三氟甲烷磺酰亚胺锌

［Zn(TFSI)$_2$］和双三氟甲烷磺酰亚胺锂（LiTFSI）组成的中性电解质，可以抑制锌空气电池中锌枝晶的形成、改善水系环境中的电化学可逆性、提高锌的库仑效率[23]。研究表明，在 $1mol \cdot kg^{-1}$ Zn(TFSI)$_2$ 和 $20mol \cdot kg^{-1}$ LiTFSI 高浓度近中性电解质中，锌离子的还原和锌的氧化反应具有很高的可逆性。采用该电解质的锌空气电池在 500 圈的充放电循环过程中，表现出 99.9% 的库仑效率，并且对充放电循环后的电极进行分析发现，锌电极表面没有枝晶形成。

由于中性电解质有助于抑制碳酸盐化和枝晶等问题，其发展对于获得长循环寿命及存储寿命的锌空气电池具有重要意义。然而，中性电解质的应用面临缓慢的 OER/ORR 反应动力学的问题，导致了锌空气电池较低的能量效率。若要继续推广中性电解质在锌空气电池中的发展，迫切需要开发具有更高催化活性的空气电极。

4.1.3　酸性电解质

酸性电解质中的 ORR 反应具有较高的氧化还原电位，可以提高金属空气电池的工作电压，并且酸性电解质还避免了碳酸盐化问题，可以延长电池的循环寿命。然而在酸性电解质中，金属负极容易发生严重的析氢反应。基于此，有研究学者提出了双电解质的耦合策略，将锌电极和空气电极分别置于碱性和酸性电解质环境中，发挥酸性电解质改善氧气电极缓慢动力学的作用，同时避免锌电极在酸性电解质中的严重腐蚀，以获得电池的高能量效率和较好的循环稳定性[24]。例如，以酸性磷酸盐缓冲液（H$_3$PO$_4$＋LiH$_2$PO$_4$）为正极电解质，LiOH 为负极电解质，组装双电解质体系锌空气电池。由于正负极的电解质不同，该研究采用了钠超离子导体型锂离子固体电解质（Li$_{1+x+y}$Ti$_{2-x}$Al$_x$P$_{3-y}$Si$_y$O$_{12}$，LTAP）作为隔膜。隔膜不仅可以作为 Li$^+$ 传输的通道以保持隔膜两侧的电荷平衡，同时还可以起到物理阻隔枝晶穿透的作用。由于这种酸性和碱性双电解质耦合体系有效解决了碱性电解质中的碳酸盐化问题，锌空气电池在 200h 的充放电循环过程中表现出良好的稳定性。此外，得益于酸性电解质有利的氧气反应动力学，电池在 $0.1mA \cdot cm^{-2}$ 的电流密度下具有高达约 1.92V 的高放电电压，实现了约 81.0% 的高能量效率。

金属空气电池在酸性电解质中的电化学行为与在碱性电解质中不同，枝晶开始形成的电流密度通常略高于碱性溶液[25]。将酸性电解质用于金属空气电池，可以抑制锌负极枝晶的形成[25]。例如，研究学者研究了以锌盐（例如氯化锌、硫酸锌）、铵盐（例如氯化铵、硫酸铵）及其混合物组成的酸性电解质，用于锌基电池，结果表明酸性电解质的使用有效减少了锌枝晶的形成[25,26]。

　　尽管酸性电解质在解决碳酸盐化和锌枝晶问题方面表现出广阔的应用前景，但是金属在酸性电解质中的氢析出反应不容忽视。虽有研究表明，向电解质中引入添加剂的方式可以改善氢析出反应，例如，在酸性电解质中引入季铵离子添加剂，该添加剂可以沿着负极和电解质之间的界面富集，从而改变氢气析出反应的电势[27]，但目前针对该问题的相关研究相对较少。因此深入开展酸性电解质的研究，将进一步推动长寿命锌空气电池的应用与发展。

4.2
非水系液态电解质

　　尽管采用水系电解质的金属空气电池获得了较高的能量密度，但是由于 Li、Na、K 等金属在水系电解质中具有高反应活性，金属负极的腐蚀问题严重，因此水系电解质无法满足锂空气电池、钠空气电池和钾空气电池的应用。Abraham[28] 首次提出了采用非水系液态电解质组装锂空气电池，之后非水系液态电解质在金属空气电池中的应用逐渐成熟。由于锂空气电池具有高理论能量密度（3500W·h·kg^{-1}），因此，对其研究和应用最为广泛。如图 4-4 所示[29]，在非水系液态电解质中，溶剂对正极反应产物及电池的可充电特性有重要影响。在不同非水系液态电解质中，放电过程有两种不同的氧化物形成机理[30,31]：①溶液反应机理，主要放电产物为 Li_2O_2，表现出较高的放电容量；②表面反应机理，主要放电产物为 Li_2O_2 薄膜，表现出较低的放电容量。液态电解质的供体数（donor number，DN）是影响锂空气电池反应机制的关键因素。通常，具有高 DN 的溶剂有利于 Li^+ 的溶剂化，促进基于溶液反应机制生成可溶的 LiO_2，随后发生歧化反应生成 Li_2O_2 颗粒，从而显著提高放电容量。然而，低 DN 溶剂具有较弱的溶剂化能力，主要产生在电极表面吸附的 LiO_2，随后基于表面反应机制生成 Li_2O_2。当电极表面绝缘的 Li_2O_2 膜的厚度达到约 5～6nm 时，会抑制电极与电解质的进一步反应，导致电极容量快速衰减。此外，由于锂空气电池富氧的电化学环境、电池充放电过程中形成的中间产物对溶剂的亲核反应性，以及电解质和电极之间的副反应，电解质会发生分解，严重影响了电池的循环稳定性。因此，采用非水系液态电解质的锂空气电池性能与电解质组成密切相关。适用于锂空气电池的理想非水系液态电解质除了应该具备常规电解质的基本特征，例如，较好的化学稳定性、高离子电导率、较宽的电化学窗口及较高的氧溶解度等，还应具备以下条件：①高沸点、低蒸气压及无挥发性，可确保电池长期运行；②可与锂金属形成稳定的 SEI 层，抑制高活性的锂金属与电解质之间的副反应；③具有较强的溶剂化作用，促进可溶性 Li$_2$O 的形成，从而获得具有较高容量的锂空气电池；④较高的化学和电化学稳定性，以及对氧还原中间物质具有较好的稳定性，从而抑制电解质的分解，改善锂空气电池的循环稳定性。根据电解质的存在形式，非水系液态电解质可以分为：有机电解质和离子液体。

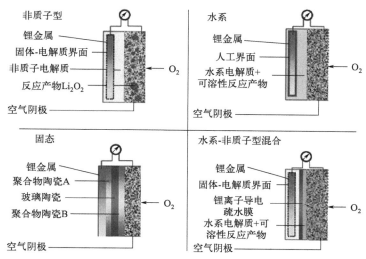

图 4-4　不同电解质体系的锂空气电池的机理示意图[29]

4.2.1　有机电解质

有机电解质由有机溶剂以及锂盐组成。通常用于锂空气电池的有机溶剂主要有：碳酸酯类（carbonates）、醚类（ether）、酰胺类（amides）、乙腈类（acetonitrile）和砜类（sulfones）。常用的锂盐主要有：六氟磷酸锂（LiPF$_6$）、高氯酸锂（LiClO$_4$）、三氟甲基磺酸锂（LiCF$_3$SO$_3$）、二（三氟甲基磺酰）亚胺锂 [LiN(SO$_2$CF$_3$)$_2$]、硝酸锂（LiNO$_3$）、溴化锂（LiBr）和碘化锂（LiI）。在采用有机电解质的锂空气电池中，由于碳酸酯类基电解质的低挥发性和较宽的电化学窗口，早期研究工作主要集中于碳酸酯类基电解质体系的应用 [例如，碳酸亚丙酯（PC）（$DN=15.1$）和碳酸亚乙酯（EC）（$DN=16.4$）和线型碳酸二甲酯（DMC）（$DN=17.2$）等]。然而，由于碳酸酯类电解质容易与放电过程中形成的超氧自由基（O$_2^-$）发生亲核反应，因此该类电解质在锂空气电池的含氧环境中不稳定。同时，在碳酸酯类电解质中，锂空气电池会反应形成 Li$_2$CO$_3$ 或其他烷基碳酸锂 [RO—(C=O)—OLi] 等产物，而不是理想的 Li$_2$O$_2$ 放电产物，降低了电池的容量。研究学者基于密度泛函理论（DFT）计算了在含有 O$_2^-$、

LiO_2、LiO_2^- 和 Li_2O_2 等产物的情况下，碳酸酯类电解质反应的自由能，结果表明碳酸酯类溶剂与上述氧化物的反应具有较低的能量势垒，有利于 Li_2CO_3 的形成，因而进一步解释了碳酸酯类电解质的不稳定性[32]。基于上述计算结果，研究学者采用核磁共振和红外光谱等手段验证了 Li_2CO_3 的形成，并提出电解质的分解是基于 S_N2 反应机制，O_2^- 作用于—CH_2 官能团，导致碳酸酯类溶剂发生开环反应，造成了电解质的分解[33]。相比于碳酸酯类电解质，醚类电解质对于超氧自由基的亲核反应性表现出较高的稳定性。例如，线型（1,2-二甲氧基乙烷（DME）（$DN=20.0$）、四甘醇二甲醚（TEGDME）（$DN=16.6$）、环醚[1,3-二氧戊环（DOL）（$DN=18.0$）]和 2-乙基四氢呋喃（2-Me-THF）（$DN=18$）等，在超氧化物自由基和较高的氧化电势下 [4.5V（vs. Li/Li$^+$）]，相比于碳酸酯溶剂其对于超氧自由基具有较高的稳定性。例如，采用 TEGDME 作为有机溶剂，$LiPF_6$ 作为锂盐制备的锂空气电池有机电解质，在 0.13mA·cm^{-2} 的电流密度下，40 圈循环测试过程中，锂空气电池表现出接近 100% 的库仑效率[34]。

尽管醚类电解质相比于碳酸酯类电解质，表现出了较好的耐超氧自由基的亲核反应性，但是醚类溶剂易在氧化自由基下发生自氧化，从而转化为不稳定的过氧化物，导致电解质的分解。同时，锂空气电池的富氧环境也促进了其自氧化反应的进行，从而影响了锂空气电池的循环寿命。有研究学者提出在醚类溶剂分子结构的 β-C 位置上进行氟化反应，可以抑制氧气作用下导致的 C—H 键的断裂，从而改善醚类电解质的自氧化问题，提高其稳定性[35,36]。但是醚类电解质与电极之间的副反应对电池性能的影响不容忽视。对采用醚类电解质的锂空气电池反应机制进行分析发现[37]，在电池的放电初期，主要产物是 Li_2O_2，此时 Li_2CO_3 的量可忽略不计。但随着循环过程的进行，Li_2O_2 的比例逐渐减少，这是由于 Li_2O_2 和醚类电解质发生副反应形成的分解产物及 Li_2O_2 与 C 正极发生副反应形成的产物比例增多，包括 Li_2CO_3、HCO_2Li、CH_3CO_2Li 以及 CO_2 和 H_2O 的混合物等。形成的副产物分子层会附着在电极表面，产生较高的界面电阻，并将充电电位增加至 4V 以上，进一步促进了电解质的分解。因此对于采用醚类电解质的锂空气电池，改善电解质的分解对于提升电池的循环寿命至关重要。研究学者提出可以通过改变锂空气电池的充放电机制改善上述问题[38]。例如以恒定电流对电池进行充电，以 4.2V 作为充电截止电压，并以 2.5V 作为放电截止电压和 500mA·h·g^{-1} 作为放电限制容量。在该充放电机制下，以 TEGDME 有机溶剂和 $LiPF_6$ 锂盐为有机电解质的锂空气电池，当以 0.2mA·cm^{-2} 恒定电流密度放电时，可以稳定循环超过 50 圈。如果在充电过程中，不对电池的充电电压进行限制，但具有相同的放电条件限制时，该锂空气电池只能稳定循环 20 圈[38]。值得注意的是，通过该机制提升电池稳定性的同时需要牺牲一定的能量密度。此外，醚类电解质的分子链长也会影响锂空气电池的循环寿命。研究学者分析了以 LiTFSI 作为锂盐，DME、二甘醇二甲醚、三甘醇二甲醚和 TEGDME 分别作为溶剂的锂空气电池的循环稳定性[39]，结果发现二甘醇二甲醚作为溶剂的锂空气电池具有最佳的循环寿命，高于 DME 和三甘醇二甲醚，而 TEGDME 作为溶剂具有较差的循环寿命。这说明具有较长分子链的醚类溶剂表现出较差的循环稳定性。该研究为今后发展适用于锂空气电池的有机电解质提供了有益借鉴。

酰胺类溶剂对氧还原产物具有稳定性，因而引起了研究学者的研究兴趣。酰胺类溶剂主要包括二甲基甲酰胺（DMF）、二甲基乙酰胺（DMA）和 N-甲基-2-吡咯烷酮（NMP）。据报道，DMF 作为溶剂时，在阳离子（例如 TBA$^+$）存在的情况下，对氧还原物质（如 O_2^-）具有稳定性[40]。研究表明，基于 DMF 的锂空气电池的循环稳定性，优于基于有机碳酸酯类以及一系列线型和环状醚类溶剂的电池性能，后两者在电池的首次放电时均表现出较为严重的电解质分解[41]。例如，使用 DMF 基有机电解质的锂空气电池，在 Li$^+$ 存在下，DMF 溶剂对氧还原产物的稳定性优于有机碳酸酯类溶剂，能在电池第一次放电时在正极形成纯度相对较高的 Li$_2$O$_2$，并在随后的充电过程中使 Li$_2$O$_2$ 完全还原，即在锂空气电池的第一个放电、充电周期中，空气正极反应主要为可逆的 Li$_2$O$_2$ 的形成/分解。通过微分电化学质谱（DEMS）和核磁共振（NMR）分析表明，在锂空气电池第一次放电时，DMF 电解质的分解程度较小。为了进一步分析该酰胺类溶剂电解质在多次充放电循环测试中的稳定性，研究学者通过 DEMS、傅里叶红外光谱（FTIR）、多晶粉末 X 射线衍射（PXRD）及核磁共振，分析多次充放电后的电极及电解质的成分变化。结果表明，随着充放电循环增加，电解质的分解程度变大，在第五个循环的放电结束后，电极表面有大量 Li$_2$CO$_3$、HCO$_2$Li 和 CH$_3$CO$_2$Li 形成，并且在充电过程中，Li$_2$CO$_3$ 不能完全被氧化，因此残留的 Li$_2$CO$_3$ 会在电极表面积累并阻塞电极表面，从而导致电池的容量降低[41]。此外，电解质和电极界面的稳定性对于可充电的锂空气电池的成功开发至关重要。据报道，酰胺类电解质会导致锂负极与电解质接触时形成不稳定的固体电解质界面（SEI），因而对锂负极具有较差的稳定性[42]。因此，为了增强酰胺类电解质与锂负极的界面稳定性，研究学者提出向酰胺类电解质中引入氟化酰胺溶剂添加剂。例如，向由 98% DMA 溶剂和 0.5mol·L^{-1} LiTFSI 组成的电解质中添加 N,N-二甲基三氟乙酰胺（DMTFA），可以降低界面电阻和锂负极的氧化还原极化，从而提高锂负极的循环性能。通过 DFT 计算的能垒分析可以得出，α-氟化酰胺易在裸露的 Li 表面进行还原脱氟，形成不溶的 LiF。对浸入含 DMTFA 溶液的锂表面进行 XPS 分析证实了 LiF 的形成，这可能在稳定锂-电解质界面方面发挥关键作用[42]。

如前所述，具有高 DN 值的极性溶剂有利于与 Li^+ 溶剂化，促进溶液反应机制形成 Li_2O_2。基于此，二甲基亚砜（DMSO）作为极性溶剂，由于具有较高的 DN 值（$DN=29.8$），表现出优异的盐溶解性和 O_2/O_2^- 氧化还原反应的高度可逆性，并且具有高电导率和低黏度等优势，因此作为锂空气电池电解质，可以促进电池电化学反应的进行，以获得较高放电容量。研究表明，有机溶剂的 DN 值会影响锂空气电池的放电机制。例如，研究学者采用原位电化学表面增强拉曼光谱（SERS），在具有不同 DN 值的有机电解质中分析氧的还原过程发现，在具有中间 DN 值的醚类（DME，$DN=20$）电解质中，电极表面和溶液反应均在高电压下促进 Li_2O_2 的形成，从而在溶液中形成 Li_2O_2 的表面膜和颗粒，因此氧还原反应是以表面反应机制和溶液反应机制同时进行的。在低 DN 值的乙腈基（CH_3CN，$DN=14.1$）电解质中，氧的还原反应主要是以表面反应机制进行的。基于该类型电解质的锂空气电池在放电时，电极表面会先形成 LiO_2，随后 LiO_2 发生歧化反应形成 Li_2O_2。在高 DN 值的二甲基亚砜（DMSO，$DN=29.8$）溶剂中，Li_2O_2 的形成和生长主要在溶液中进行，从而促进电池的持续放电，获得较高的容量，因此氧还原是以溶液反应机制进行的[43]。因此，开发具有高 DN 值的有机电解质，对于锂空气电池实现长寿命、高容量、高倍率等电池性能至关重要。例如锂空气电池使用具有高 DN 值的 $1mol \cdot L^{-1}$ LiTFSI/DMSO 有机电解质，配合 KB 碳基空气正极，表明出良好的倍率性能。在 $0.05mA \cdot cm^{-2}$ 和 $1atm\ O_2$（$1atm=101325Pa$）压力下，表现出非常接近 Li_2O_2 形成的理论值（$2.90\sim3.10V$）的较高放电电压（$2.80V$），同时获得 $9400mA \cdot h \cdot g^{-1}$ 高放电容量[44]。

此外，相比于醚类电解质，DMSO 溶剂具有较好的稳定性，有利于改善锂空气电池的循环寿命。研究学者发现相比于 TEGDME 基电解质，采用 DMSO 基电解质的锂空气电池，在 100 圈循环过程中表现出明显改善的循环稳定性（容量保持率大于 98%），并且放电后 Li_2O_2 的含量大于 99.5%[45]。然而，DMSO 溶剂的稳定性受到锂金属负极的影响，具有强还原性的 Li 负极会促进 DMSO 有机液态电解质的分解。通过调控电解质的盐和添加剂等，可以有效改善 Li 金属与 DMSO 之间的作用，抑制 DMSO 电解质的分解。例如，研究学者通过增加 DMSO 中 LiTFSI 的浓度，有效改善了电解质的稳定性[46]。这是由于在高浓度的 DMSO 电解质中，仅包含具有更高吉布斯自由能的 $(TFSI^-)_n$-Li^+-(DM-

SO)$_{4-n}$配合物，而不是游离的DMSO分子，抑制了锂金属与电解质之间的副反应，提高了电解质和金属负极的稳定性。

4.2.2　离子液体

有机液态电解质虽然具有如上所述的优点，但其易分解、易挥发、易燃、不安全等问题被视为阻碍其大规模应用的主要挑战。离子液体具有不挥发、高热稳定性、较宽的电化学工作窗口等特点，受到了研究者的广泛关注。离子液体仅由离子（阳离子和阴离子）组成，并且阳离子和阴离子可以进行不同的组合。研究发现，O$_2$/O^{2-}在离子液体中表现出可逆的ORR/OER氧化还原行为，因而在金属空气电池中具有广阔的应用前景[47]。目前，离子液体已被用作锂空气电池、锌空气电池、镁空气电池、钠空气电池和铝空气电池等金属空气电池的电解质。

以锂空气电池为例，常用的离子液体阳离子基于咪唑鎓（imidazolium）、吡咯烷鎓（pyrrolidinium）、哌啶鎓（piperidinium）和季铵基四烷基铵（quaternary ammonium-based tetraalkylammonium），包括1-乙基-3-甲基咪唑鎓（1-ethyl-3-methylimidazolium，EMI）、1-丁基-3-甲基咪唑鎓（1-butyl-3-methylimidazolium，BMI）、N-甲基-N-丁基吡咯烷鎓（N-methyl-N-butylpyrrolidinium，PYR$_{14}$）、N-甲基-N-甲氧基乙基吡咯烷鎓（N-methyl-N-methoxyethylpyrrolidinium，PYR$_{12O1}$）、N-甲基-N-丙基哌啶（N-methyl-N-propylpiperidinium，PP$_{13}$）和N，N-二乙基-N-甲基-N-丙基铵（N，N-diethyl-N-methyl-N-propylammonium，N$_{1223}$）等。常用的离子液体阴离子包括双三氟甲基磺酰胺离子［bis（trifluoromethylsulfonyl）amide，TFSI$^-$］、双氟磺酰亚胺离子［bis（fluorosulfonyl）imide，FSI$^-$］、三氟甲基磺酰（九氟丁基磺酰）亚胺离子［（trifluoromethanesulfonyl）（nonafluorobutanesulfonyl）imide，IM$_{14}^-$］和双五氟乙基磺酰亚胺离子［bis（pentafluoroethylsulfonyl）imide，BETI$^-$］等。不同类型的离子可以获得不同性能的离子液体，例如，含有醚官能化阳离子的室温离子液体具有较高的抗电化学氧化稳定性，并对氧气的氧化还原反应具有较高的可逆性[48]；含IM$_{14}^-$阴离子的室温离子液体由于不对称性高而不易结晶，但是该电解质黏度较高[49,50]；FSI$^-$阴离子可以降低室温离子液体的黏度，并提高其离子电导率，但是同时也会一定程度牺牲其热稳定性[51,52]。

目前，各种基于不同阴阳离子的离子液体在金属空气电池中的应用得到了广泛研究。对于特定的金属空气电池，通过合理设计离子液体的阴阳离子可以有效改善电池性能。例如，含PYR$_{12O1}^+$的离子液体表现出较宽的电化学稳定窗口、较高的电导率及较低的黏度，因而更适用于锂空气电池[53]。以N-丁基-N-甲基吡咯烷鎓双（三氟甲基磺酰胺（PYR$_{14}$TFSI）离子液体为电解质，锂空气电池表现出稳定的电解质-电极界面（与其他类型的非质子电解质相比），有利于获得更好的电池可逆性和更低的电池过电位[54]。此外，吡咯烷鎓和哌啶鎓阳离子在锂空气电池中的稳定性高于咪唑鎓和季铵阳离子[55]。分别对 1-丁基-3-甲基咪唑六氟磷酸盐（BMIPF$_6$）、1-乙基-3-甲基咪唑鎓双三氟甲基磺酰胺（EMITFSI）、1-乙基-3-甲基咪唑鎓双五氟乙基磺酰胺（EMIBETI）和 1-甲基-3-辛基咪唑双三氟甲基磺酰胺（MOITFSI）四种离子液体，在 20℃、90%RH 条件下一定时间后的吸水量，和在氩气环境中与金属锂的接触稳定性（通过观察离子液体颜色变化及锂表面变化）进行测试分析。发现以上四种离子液体在 100h 后的含水量（质量分数）分别为 1.7%、1.4%、0.8% 和 0.7%，且 BMIPF$_6$ 与金属锂的接触稳定性最差，这与 PF$_6^-$ 阴离子在水中易分解有关。与该电解质相比，在存在 LiTFSI 或 LiBETI 的情况下，EMITFSI、EMIBETI 和 MOITFSI 离子液体电解质与金属锂之间具有较好的接触稳定性，这可能归因于在锂表面上形成的保护层（如 LiF）。因此，具有全氟烷基磺酰胺阴离子的离子液体在锂空气电池中的稳定性较好[56]。实验表明，以 EMITFSI 为电解质的锂空气电池表现出 5360mA·h·g^{-1} 的高容量，且能够在空气中工作 56 天[56]。

对于锌空气电池而言，离子液体电解质由于可以改善锌电极的电化学行为、抑制锌负极的自腐蚀、消除碱性电解质中碳酸盐化等问题，引起了科研工作者的研究兴趣。但与锂空气电池相比，离子液体作为锌空气电池电解质的应用，目前相关的研究相对较少，目前研究主要集中在探索适合锌空气电池使用的离子液体种类，以及正负极在离子液体中的电化学行为。与水系电解质不同的是，使用离子液体电解质的锌空气电池，其基本的电化学反应取决于离子液体的阳离子和阴离子的性质。研究表明，离子液体的阳离子和阴离子都会对 Zn 的氧化还原反应产生影响，但 Zn 的动力学行为主要受阴离子的类型控制。例如，研究学者在基于阳离子吡咯烷鎓（[Pyrr]$^+$）和咪唑鎓（[Im]$^+$），以及阴离子双三氟甲基磺酰亚胺（[TFSI]$^-$）和双氰胺（[DCA]$^-$）组成的四种不同的离子液体（EMI-TFSI、BMP-TFSI [1-丁基-1-甲基吡咯烷鎓双三氟甲基磺酰亚胺，1-butyl-1-methylpyrrolidinium bis（trifluoromethanesulfonyl）imide]、MPP-TFSI [1-甲基-1-戊基吡咯烷鎓双三氟甲基磺酰亚胺，1-methyl-1-pentylpyrrolidinium bis（trifluoromethanesulfonyl）imide] 和 BMP-DCA [1-丁基-1-甲基吡咯烷鎓双三氟甲基磺酰亚胺，1-butyl-1-methylpyrrolidinium bis（trifluoromethanesulfonyl）imide] 中研究锌的氧化还原反应。根据循环伏安曲线中的峰电位分离和峰电位随扫描速率的变化分析可以发现，与 BMP-TFSI 和 MPP-TFSI 离子液体相比，Zn 氧化还原反应在 EMI-TFSI 和 BMP-DCA 中表现出更优异的可逆性。然而，根据峰值电流密度比及其随扫描速率的变化分析可知，与 EMI-TFSI 和 BMP-DCA 离子液体相比，Zn 氧化还原反应在 MPP-TFSI 和 BMP-TFSI 中表现出更好的可逆性。基于 [Im]$^+$ 阳离子和 [DCA]$^-$ 阴离子的离子液体中锌的氧化还原反应过电位，比基于 [Pyrr]$^+$ 和 [TFSI]$^-$ 的离子液体小。通过塔菲尔（Tafel）分析得出，在四种离子液体中 Zn 的交换电流密度均大于 10^{-3} mA·cm^{-2}，其中基于 [Im]$^+$ 阳离子的离子液体具有最高的交换电流密度值（9.9×10^{-3} mA·cm^{-2}）。除此之外，由于离子液体阴离子的不同，锌离子在离子液体中的存在形式也是不同的，因此离子液体阴离子的类型不仅会影响锌的电化学行为（包括其反应机理、反应动力学和氧化还原循环性），也会影响电活性物质的扩散系数。例如，在基于 [TFSI]$^-$ 阴离子的离子液体中，其存在形式为 Zn^{2+}，电极反应为单步反应，该过程涉及两个电子转移。但是，在基于 [DCA]$^-$ 阴离子的离子液体中，由于 Zn^{2+} 会与 [DCA]$^-$ 形成配合离子，从而将电极反应转变为两步反应，每一步都涉及一个电子的转移。值得注意的是，Zn^{2+} 在离子液体中的扩散系数要比配合离子 $[Zn(DCA)_x]^{(x-2)-}$ 高两个数量级[57]。

　　基于以上离子液体对锌氧化还原反应影响的讨论，有研究学者提出使用离子液体电解质可以改善锌的沉积形态，从而抑制锌枝晶的形成。例如，研究学者在由 1-乙基-3-甲基咪唑鎓双氰胺 [EMIm][DCA] 离子液体、10%（摩尔分数）Zn（DCA）$_2$ 和 3%（质量分数）H$_2$O 组成的电解质中，通过循环伏安测试研究锌离子的电沉积与溶解行为。结果表明，在该电解液中可以得到均匀且无枝晶形成的锌产物[58]。此外，离子液体中的阴离子可以与金属离子配位形成新的还原产物，从而优化电极-电解质界面的电化学行为，改善沉积物的形态。例如，以 1-乙基-3-甲基咪唑鎓三氟甲基磺酸盐（[EMIm] TfO）、Ni（TfO）$_2$ 及 Zn（TfO）$_2$ 为电解质、金为工作电极、铂丝为对电极组成三电极体系，进行锌的氧化与还原实验，可以在金电极的表面得到均匀且致密的纳米锌。这是由于在沉积初期，金电极表面会形成一层薄的锌-镍合金层，该合金层的形成会影响锌的形核和生长，从而抑制锌枝晶的形成。结果表明，金电极上形成的均匀纳米锌沉积物的粒径约 25 nm。通过扫描电子显微进一步分析得出，沉积的锌呈致密结构。此外，经过 50 次锌的沉积与剥离循环，该纳米锌依旧表现出较高的循环稳定性[59]。

　　值得注意的是，离子液体的阳离子会影响沉积物的尺寸，而沉积物的形态和生长方向与离子液体的阴离子密切相关。如图 4-5 所示，在具有吡咯烷鎓阳离子的 BMP-TFSI、MPP-TFSI 离子液体中，阳离子 [BMP]$^+$ 和 [MPP]$^+$ 会吸附在正在生长的锌核表面，导致晶粒细化或纳米晶体沉积，从而获得纳米尺寸的锌沉积物。而在具有咪唑鎓阳离子的 EMI-TFSI、EMI-DCA 离子液体中，获得了微米尺寸的锌沉积物[60]。如果使用含有相同的［EMI］⁺阳离子的离子液体，离子液体阴离子的不同类型可获得不同形态的锌，例如多面体锌或板状锌沉积物[61]。离子液体对锌负极的影响（如改善锌负极沉积形态及抑制锌枝晶的形成）有利于提高锌空气电池的放电性能、倍率性能、比容量及能量密度，为长寿命锌空气电池的设计及实现提供了重要的借鉴。

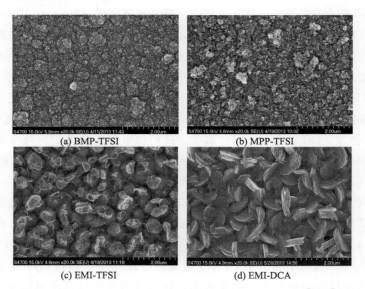

(a) BMP-TFSI　　　　　　　　(b) MPP-TFSI

(c) EMI-TFSI　　　　　　　　(d) EMI-DCA

图 4-5　不同离子液体中恒定电势沉积的锌的 SEM 图[60,61]

除了锌的氧化还原反应，空气正极中氧气的电化学反应在离子液体电解质中也存在诸多问题。例如，非质子型离子液体电解质中氧的还原与析出反应与水系电解质中完全不同。在非质子型离子液体中，ORR 反应机理可能涉及两个过程的电子转移[62]，最终形成 O_2^{2-}，并且每个过程只能实现单电子转移，从而导致慢的氧反应动力学。研究表明，离子液体电解质中的阳离子会影响氧还原机理[63]。例如，较大的阳离子［如四丁基铵（TBA）盐］有利于可逆的 O_2/O_2^- 反应，而较小的阳离子则导致氧的不可逆还原，从而形成不溶性金属过氧化物或超氧化物[63]。此外，离子液体的黏度会影响空气正极与离子液体电解质之间的润湿性以及电化学反应。研究表明，离子液体的黏度过大会导致无法有效润湿空气正极，从而导致锌空气电池在放电过程中电压迅速下降。例如，使用 1-丁基-3-甲基咪唑鎓二氰胺（［BMIM］［DCA］）离子液体电解质的锌空气电池，在放电过程中电压迅速下降，当电流密度从 0 升到 $0.2mA \cdot cm^{-2}$，电压从大约 1.23V 迅速下降到 0.8V[64]。

为了改善以上非质子型离子液体中空气正极氧的电化学行为，研究学者提出向离子液体中引入添加物（例如水、乙二醇），以促进氧的还原反应。例如，向三己基（十四烷基）氯化磷（$[P_{66614}][Cl]$）中添加乙二醇，由于乙二醇去质子化后的阴离子具有较好的稳定性，添加后的离子液体表现出优异的质子活性。通过循环伏安测试表明，相比于甲醇和水添加剂，含乙二醇添加剂的 $[P_{66614}]$ $[Cl]$ 离子液体，对于 ORR 表现出较大的电流密度及近四电子的反应路径，这些特征对于锌空气电池正极的电化学反应至关重要[62]。

对于锂空气电池和锌空气电池中的室温离子液体的开发与研究尚处于初期，因此需要广大科研学者的不懈钻研与探索，以促进该领域的理论完善和进一步寻找适合锂空气电池和锌空气电池的高性能室温离子液体电解质。总体而言，目前室温离子液体在锂空气电池和锌空气电池中的应用存在以下挑战：①较低的盐溶解度和较差的锂离子迁移率，这阻碍了在锂负极表面形成稳定的 SEI 层，从而影响电池的倍率性能[65]；②较低的氧气扩散系数，离子液体中的氧气扩散系数比有机液体（例如 1,2-二甲氧基乙烷、二甲基亚砜）低一个数量级，限制了电池的容量[66]；③高黏度，难以有效地渗透到电极的表面，导致传质电阻变高和界面极化电压变大，电极反应的动力学较慢；④高成本，限制了其大规模商业化应用。

为了解决上述问题，研究学者将目光转向复合电解质的设计与应用。例如，将具有较高离子电导率的有机电解质与高稳定性的离子液体相结合，发展综合多个电解质优点于一体的复合电解质，在锂空气电池中表现出更优异的性能。研究表明，将不同的咪唑基离子液体［例如 1-丁基-3-甲基咪唑六氟磷酸盐（BMI-PF_6）和 1-丁基-3-甲基咪唑镓四氟硼酸酯（BMIBF$_4$）］与二甲基亚砜（DMSO）有机溶剂结合使用，混合电解质表现出更高的氧扩散系数（与纯离子液体相比）和氧溶解度（与 DMSO 相比）[67]。基于以上优点，研究学者采用 EMIBF$_4$-DM-SO（1-乙基-3-甲基咪唑镓四氟硼酸酯，EMIBF$_4$）复合电解质，并使用碳酸锂保护的锂负极，发展了一种具有长循环寿命（700 圈循环）的锂空气电池。通过对该电解质在循环前后的核磁共振（NMR）分析，发现该电解质有利于防止在 CO_2 和 H_2O 共存时形成副产物，在电池工作期间表现出优异的稳定性[68]。此外，甘醇二甲醚类有机物与锂盐等摩尔混合后，可以得到理化性质与离子液体相似（低易燃性、低挥发性、宽电位窗口）的混合物。将离子液体与该混合物制备的复合电解质应用于锂空气电池，可以抑制醚类有机溶剂的分解，并稳定金属锂负极，从而提高电池的放电性能及循环寿命。例如，研究学者通过用甲基（—CH$_3$）取代 DME 的质子制备出 2,3-二甲基-2,3-二甲氧基丁烷（DMDMB），然后和 LiTFSI 进行混合制备得到 $[(DMDMB)_2Li]$ TFSI[69] 复合电解质。通过微分电化学质谱法（DEMS）对 $[(DMDMB)_2Li]$ TFSI 复合电解质进行分析，结果表明，在充电过程中电解质中没有 CO_2 析出，且 $[(DMDMB)_2Li]$ TFSI 在电极上的沉积分解产物较少（与传统 DME 有机电解质相比），提高了电池的循环寿命，在 $50\mu A \cdot cm^{-2}$ 电流密度下可以循环充放电 $300\ h$。

4.3
半固态/固态电解质

随着柔性、轻薄、可拉伸电子器件的不断发展，开发柔性、轻便的能量存储装置具有重要意义。金属空气电池由于其高理论能量密度的优势，在柔性储能器件中具有广阔的发展前景。由于基于传统液态电解质的电池存在易挥发、易泄漏、不安全等问题，不利于该类型的柔性和可拉伸式金属空气电池的发展。与液态电解质相比，半固态/固态电解质在保证良好的离子传输的同时，又可以满足不同条件下的形变需求，同时作为正极和负极之间的隔膜，可起到防止电池内部短路的作用。因此半固态/固态电解质在柔性、便携式金属空气电池的发展中，表现出独特优势，吸引了研究学者的广泛关注。

目前已报道的柔性/可拉伸金属空气电池主要有以下两种类型，一种是基于夹层式结构的三明治型金属空气电池，另一种是具有同轴结构的线型金属空气电池。三明治型金属空气电池是将半固态/固态电解质，置于负载有催化剂的空气正极和锌负极之间，通过层层堆叠的方式组装而成；而线型金属空气电池的组装是将线状或弹簧状金属负极置于中心轴位置，由里向外依次包裹半固态电解质和负载有催化剂的空气正极，并在最外层用封装材料包裹，从而增强器件的整体性。作为柔性可拉伸金属空气电池的重要组成部分，半固态/固态电解质应该具备如下特征：①具有电绝缘性、高离子电导率，以利于在氧化还原反应中传递载流子；②具有高氧溶解度和扩散性，以确保氧化还原反应的顺利进行；③与电极之间具有良好的润湿性，以实现有效的离子传输；④较好的热稳定性和力学稳定性，以避免形变过程中的电极短路和电池失效；⑤安全无污染，以满足可持续循环利用。适用于金属空气电池的半固态/固态电解质，大致可分为聚合物电解质和无机固态电解质两种类型。如前所述，聚合物电解质通常由聚合物基体和离子传输介质（如导电盐和/或溶剂）组成，它们分别起骨架载体和离子导体的作用。常用于金属空气电池的聚合物基体主要包括聚氧化乙烯（PEO）、聚乙烯醇（PVA）、聚丙烯酸（PAA）、聚乙烯吡咯烷酮（PVP）以及它们的共聚物或共混物等[70,71]。

电解质的高离子电导率对于保证电极之间良好的离子传输，进而提升电池性能至关重要。如前所述，聚合物电解质是金属空气电池中常用的半固态电解质，通常分为固体聚合物电解质（SPE）和凝胶聚合物电解质（GPE）两大类。在金属空气电池中，聚合物电解质通过在聚合物基体中融入金属盐形成，具有无泄漏、低易燃性、良好的柔性、安全性以及与电极之间接触稳定性的优势。自从1973 年莱特（Wright）[72] 首次报道了具有离子传导性的 PEO 基聚合物电解质后，聚合物基电解质引起了研究者的关注。然而，PEO 基固体聚合物的结晶性较高、OH¯ 迁移数较低，导致电池具有较低的可逆容量和循环寿命。为了改善上述问题，研究学者提出将 PEO 与无定形的聚合物主体形成共聚物以提高其离子电导率。例如，将环氧乙烷与环氧氯丙烷的共聚物 P（ECH-EO）作为固体聚合物电解质中的聚合物主体，然后以 KOH 作为导电盐，四氢呋喃（THF）和乙醇作为溶剂制备碱性聚合物电解质。得益于 P（ECH-EO）的无定形性质，相比于PEO-KOH 固体聚合物电解质（室温下离子电导率约为 $5 \times 10^{-4} \sim 10^{-3} S \cdot cm^{-1}$，OH¯ 迁移数约为 0.72），P（ECH-EO）-KOH 表现出更高的离子电导率（室温下大约 $10^{-3} S \cdot cm^{-1}$）和 OH¯ 迁移数（大约 0.93）[73]。应用上述电解质的锌空气电池表现出良好的放电性能，可以在 0.8V 放电电压下达到 $14 mA \cdot cm^{-2}$的放电电流。

尽管 SPE 的发展有效解决了液态电解质的易燃性和安全性等问题，但是由于其较低的离子电导率，使用 SPE 的金属空气电池表现出较低的容量和较短的循环寿命。相比于 SPE，GPE 表现出较高的离子电导率。常用的 GPE 聚合物主体材料包括 PVA、PAA 和聚丙烯酰胺（PAM）等。其中，PVA 由于其良好的成膜性和化学稳定性，已被广泛用作 GPE 的聚合物主体。通过优化 PVA 和KOH 的比例，基于 PVA 的 GPE 电解质获得了较高的离子电导率（$10^{-4} \sim 10^{-3} S \cdot cm^{-1}$）[74]。通过引入添加剂、调控导电盐或者改变聚合物骨架等方式，可以进一步提高其离子电导率。例如，在多孔 PVA-KOH 电解质中添加 5%（质量分数）的纳米二氧化硅（SiO_2）颗粒，获得了 $57.3 mS \cdot cm^{-1}$ 的离子电导率，相比于 PVA-KOH 电解质的离子电导率（$36.1 mS \cdot cm^{-1}$）提升了约60%[75]。这是由于 SiO_2 的引入增加了聚合物基体对碱性电解液的吸收，并降低了 PVA 聚合物基体的结晶性，从而改善了聚合物电解质中 OH¯ 的迁移。同时，SiO_2 与 PVA 上的羟基官能团有助于形成氢键，有效提高了 PVA 基电解质的保水性能。由于聚合物电解质离子电导率的提高，获得的锌空气电池表现出较好的倍率性能，当电流密度从 $0.75 mA \cdot cm^{-3}$ 增加到 $15 mA \cdot cm^{-3}$ 时，电压仅降低 0.16V。锌空气电池的最大电流密度可以达到 $123.0 mA \cdot cm^{-3}$，具有 $62.6 mW \cdot cm^{-3}$ 的最大功率密度，明显优于采用单纯 PVA-KOH 的锌空气电池（$38.7 mW \cdot cm^{-3}$）。此外，将PVA 与其他聚合物进行共聚，可增加聚合物基体对碱性电解液的吸收量，降低 PVA

基体聚合物的结晶性，并显著改善 PVA 聚合物电解质的离子电导率。例如，通过自由基聚合的方法将 PAA 引到 PVA-KOH 固体聚合物电解质中，可将聚合物电解质的离子电导率提高至 119mS·cm^{-1}[19]。

PAA 由于具有优异的碱性电解液吸收能力、保水性以及较低的结晶度，相比于其他类型聚合物基体可以获得更高的离子电导率。例如，以 N,N-亚甲基双丙烯酰胺（MBA）作为交联剂制备的 PAA-KOH GPE 电解质，在 KOH 浓度为 $4\sim6$mol·L^{-1} 时，电解质的离子电导率为 0.288S·cm^{-1}，是相同浓度 KOH 水溶液离子电导率的 60%。基于阿伦尼乌斯方程分析发现，PAA-KOH GPE 与 KOH 溶液具有相近的活化能，说明两者具有相同的离子传导机制。然而，值得注意的是，在 GPE 制备过程中，较高的丙烯酸单体浓度会降低聚合物中水的比例，不利于导电盐的电离，会降低 GPE 的离子电导率[76]。因此，在 GPE 的设计与制备过程中，合理控制聚合物单体与导电盐的含量，对于获得高离子电导率的 GPE 电解质具有重要作用。

基于以上聚合物电解质，研究学者发展了三明治结构和线型结构的柔性/可拉伸金属空气电池。为了满足不同应用场景下的物理形变，半固态/固态电解质的力学性能对于金属空气电池的柔性/可拉伸应用至关重要。基于 PVA 的半固态电解质因具有良好的化学稳定性和力学性能，在金属空气电池的研究中应用最为广泛。通常，通过 PVA 和 KOH 溶液的机械混合制备 PVA 聚合物电解质。由于 PVA 与 KOH 两种物质的物理和化学交联作用，该电解质可以在弯曲、扭曲、拉伸等物理形变下保持稳定的半固态状态，同时充当电极之间的离子传递媒介。为了保证电解质具有足够的机械强度，在制备 PVA-KOH GPE 时，应注意合理调节聚合物骨架与水溶液的比例。这是由于聚合物材料过多会导致离子电导率下降，聚合物材料过少则会影响半固态凝胶的成型，力学性能较差。大量研究工作表明当 PVA 与 H_2O 的比例为 $1:10$ 时，有利于获得较好的力学性能和高离子电导率的相容，在满足可弯曲、可折叠、可扭曲、可拉伸等形变需求的同时，保持稳定的离子传输。例如，采用 PVA-KOH GPE、锌丝及负载催化剂的碳纤维组装的一维可编织的纤维状锌空气电池，电池的直径为 1mm，长度为 35cm。由于 PVA-KOH GPE 较好的机械强度，所组装的锌空气电池在较大的物理形变或者打结的条件下仍然能够保持稳定的电池性能，甚至将该电池编织成衣服仍然能够正常工作[77]。除此之外，在高弹性的 Ecoflex（聚酯）基板上使用柔性空气电极、锌箔和 PVA-KOH GPE，组装了一种高度可拉伸的锌空气电池阵列，拉伸率可高达 100%，并且该电池在重复动态拉伸下表现出稳定的电化学性能，如图 4-6 所示[78]。该研究工作为柔性储能器件在穿戴、拉伸条件下的实际应用提供了新的设计思路。

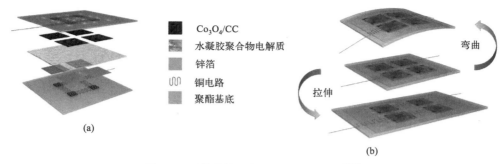

图 4-6　可拉伸锌空气电池组装示意图[78]

添加剂的引入对于提升半固态电解质的力学性能同样具有积极影响。例如，在多孔 PVA-KOH 电解质中添加 9%（质量分数）SiO_2 纳米颗粒，可以获得 863kPa 的拉伸应力，是单纯 PVA-KOH 电解质的 2.3 倍[75]。这是由于引入的 SiO_2 可以与 PVA 基体之间形成化学键，这些化学键可以有效地将荷载从 PVA 基体转移到 SiO_2 颗粒中，从而提高其机械强度。此外，SiO_2 颗粒在整个 PVA 基体中的均匀分布，也有利于基体吸收机械能从而提高其机械强度。

除了 PVA 基凝胶聚合物电解质（GPE），PAA 基 GPE 在锌空气电池中也表现出较好的力学性能。例如，通过溶液聚合法首先制备得到 PVA、PAA 和氧化石墨烯（GO）共交联的 PVAA-GO 凝胶聚合物，随后在 $4mol \cdot L^{-1}$ KOH＋$2mol \cdot L^{-1}$ KI 溶液中浸泡后获得 KI-PVAA-GO GPE。由该电解质、锌箔/锌丝和负载催化剂的碳布/碳纤维组装的三明治/纤维状锌空气电池，显示出优异的机械稳定性，在不同角度弯曲甚至打结的情况下仍保持稳定的充放电电压。

在柔性电池的实际应用中，除了需要考虑电解质的离子电导率和力学性能对电池电压、倍率、功率密度及机械稳定性的影响，电池的循环寿命对于电池的实际应用同样具有重要意义，显著影响其商业化进程。早期的柔性/可拉伸锌空气电池普遍使用的是 PVA 基碱性凝胶聚合物电解质（PVA-KOH）。然而，由于锌空气电池独特的半开放电池结构，对于电解质的保水性、离子电导率稳定性、尺寸稳定性、界面稳定性等提出了一系列挑战。研究发现，PVA-KOH 凝胶聚合物电解质在常温下空气中放置时，随着放置时间的增加，由于水分的蒸发流失，其离子电导率逐渐下降、重量逐渐减轻、尺寸逐渐缩小。基于以上原因，以 PVA-KOH 组装的锌空气电池，其循环寿命约为 10～20h。为了提高柔性锌空气电池的循环寿命，研究学者发展并提出了多种策略，包括聚合物骨架修饰[79]、电解质添加剂的使用[75]、调节电解质的酸碱度[80]、调节离子传导相[81] 以及使用二氧化碳耐受的阴离子交换膜[82]。

改善聚合物的保水性对于延长锌空气电池的循环寿命具有重要影响。为了提高聚合物的保水性，研究学者提出可以向聚合物中引入添加剂以改善其保水性，进而提高电池的循环寿命：①引入有机聚合物。例如，通过溶液聚合的方法在PVA中引入具有高保水性的PAA，并在 $4mol \cdot L^{-1}$ KOH＋$2mol \cdot L^{-1}$ KI溶液中浸泡，可以制备出具有高保水性的KI-PVAA凝胶聚合物电解质。将制备的凝胶在空气中放置12h，KI-PVAA可以维持大于90%的保水量，而PVA只能维持64.7%。基于该电解质的锌空气电池，在 $2mA \cdot cm^{-2}$ 电流密度下，可循环充放电大约166 h[19]。②引入无机添加物。例如，通过在多孔PVA-KOH体系中添加适量纳米二氧化硅（SiO_2）颗粒，由于聚合物中 SiO_2 表面的羟基能形成氢键从而锁住水分，可提高聚合物电解质的保水性。将该电解质应用于锌空气电池能够在 $3mA \cdot cm^{-3}$ 电流密度下进行循环充放电大约48h[75]。③改变电解质导电盐。例如，采用氢氧化四乙铵（TEAOH）替代传统的KOH，由于其优异的亲水性，可以与GPE中 H_2O 分子紧密结合，从而提高电解质的保水性。即使在两周的长时间放置后，相比于传统的PVA-KOH电解质（离子电导率约为 $10mS \cdot cm^{-1}$），PVA-TEAOH电解质仍保持稳定的较高离子电导率（约 $30mS \cdot cm^{-1}$），因此所组装的电池不仅表现出良好的循环稳定性（30 h），还具有良好的储存寿命[81]。

碱性聚合物电解质在空气中的碳酸盐化反应也会影响电池的循环性能。针对该问题，研究学者开发了采用 $ZnCl_2$-NH_4Cl 为导电盐，PVA为聚合物骨架的近中性电解质[80]。相比于传统的PVA-KOH碱性聚合物电解质，该近中性电解质有效抑制了碳酸盐化问题，显著延长了电池的循环寿命，在 $1mA \cdot cm^{-2}$ 电流密度下，可以稳定循环70 h以上。同时，还提高了电池在存储过程中的稳定性，即使在空气中放置10天，该电池仍表现出70 h的稳定循环寿命，为获得长寿命的柔性锌空气电池提供了新的思路。

此外，聚合物电解质可作为隔膜材料，有效改善碱性电解质与锌电极之间的相互作用，抑制枝晶的形成及钝化等，从而改善电池的循环性能。例如，研究学者制备了具有双连续阴离子传导/排斥相的PVA和PAA共混的PVA-PAA凝胶聚合物电解质膜，其中三维互连的阴离子导电相（PVA-PAA）与三维网状阴离子排斥相［含磺酸盐侧基团（SO_3^-）的Nafion］结合[83]。这种双连续相的离子传导结构使该电解质膜可以充当选择性离子传输通道，通过具有阴离子排斥作用的连续相，有效抑制 $Zn(OH)_4^{2-}$ 在两电极之间的扩散，同时阴离子导电相保持电解质中 OH^- 的稳定传输，减少了电极表面与电解质之间的浓差极化，抑制了Zn枝晶的形成。采用该双连续相电解质的锌空气电池在 $20mA \cdot cm^{-2}$ 的电流密度下，可以稳定循环2500min。这种具有 OH^- 和 $Zn(OH)_4^{2-}$ 离子选择性传输功能的双连续相电解质，为发展长循环寿命的可充电锌空气电池开辟了新途径。

相比于上述液态电解质和聚合物半固态电解质，无机固态电解质有效解决了金属空气电池中电解质的挥发、泄漏和易燃等问题，还可作为隔膜物理阻隔金属负极的枝晶穿透作用，防止电池短路，极大提高了电池的安全性。同时，无机固态电解质具有较高的热稳定性和化学稳定性，为发展高温环境下工作的电池提供了有利条件。目前，多种 Li^+ 导体固态电解质被发展用于锂空气电池，常用的主要为 $Li_{1+x}Al_xGe_{2-x}(PO_4)_3$（LAGP）和 Li-Al-Ti-$PO_4$（LATP）。其中，具有钠超离子导体（natrium superionic conductor，NASICON）型化合物结构的 LATP 固态电解质具有较高的离子电导率，已经被广泛应用于全固态锂离子电池的研究中。其最初作为隔膜材料在具有不同正负极电解质的锂空气电池中获得应用，随后逐渐发展作为全固态锂空气电池的电解质。例如，研究学者采用 LATP 作为电解质与锂金属负极和碳空气正极直接相连，发展了全固态锂空气电池。在 $0.1A \cdot g^{-1}$ 的电流密度、2V 的截止电压下，电池获得了 $950mA \cdot h \cdot g^{-1}$ 的放电容量[84]。然而，固态电解质与电极的界面特性是制约全固态锂空气电池发展的重要挑战。

对于空气电极，在全固态锂空气电池中，氧气催化反应活性位点仅限于固态电解质和正极界面，不利于反应物和中间产物的传输，极大地降低了空气电极的反应效率。通过优化电池或者空气正极结构以扩大反应活性位点，或者改善离子传输过程，可以有效调控固态电解质与空气正极的氧化还原反应。例如，研究学者提出使用 LATP 和碳纳米管（CNT）的混合物修饰正极结构，以降低空气电极与电解质之间的电阻，促进正极的氧化还原反应。基于该正极的电池，在最初的几个循环，获得了大约 $400mA \cdot h \cdot g^{-1}$ 的可逆容量[85]。此外，有研究学者提出使用填充有离子液体电解质的 Pd 型碳纳米管作为正极，可以在正极内部形成 Li^+ 传输通道，促进电池氧化还原反应的进行。基于改性后的正极及 LiSI-CON 电解质，全固态锂硫电池实现了高达 $9092mA \cdot h \cdot g_C^{-1}$ 的放电容量，说明调控反应位点对于改善电池性能具有重要作用[86]。

改进电池结构也可有效降低界面电阻，改善离子和电子传输过程。例如，研究学者设计了一种既可作为固态电解质，又可用作空气电极载体的一体化 LATP 材料。该 LATP 层的厚度可以从 600 μm 减小到 36 μm，以最大程度地减少欧姆损耗，从而降低电池的内阻。同时该电解质材料具有 78% 的高孔隙率，为容纳活性材料和生成的固体氧化物提供了有利空间，为氧分子向具有氧气催化反应活性位点的传输提供了有利途径。基于该电池结构（图 4-7）的全固态锂空气电池，在 $0.15mA \cdot cm^{-2}$ 电流密度下，获得了高达 $14200mA \cdot h \cdot g^{-1}$ 的放电容量。同时，该固态电解质还可作为保护层减少空气中的氧气、二氧化碳和湿气对锂负极的影响，从而显著提高了锂空气电池的循环稳定性，实现了在 $1000mA \cdot h \cdot g^{-1}$ 的放电容量下稳定循环 100 圈。该研究为改善全固态锂空气电池中固态电解质与空气电极的界面特性、扩大正极反应活性位点、减少电池内阻、提高电池容量提供了开拓性的方向[87]。

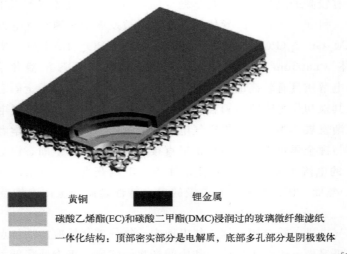

黄铜　　　　　　　锂金属

碳酸乙烯酯(EC)和碳酸二甲酯(DMC)浸润过的玻璃微纤维滤纸

一体化结构：顶部密实部分是电解质，底部多孔部分是阴极载体

图 4-7　带有集成固态电解质和阴极结构的新型 Li-O$_2$ 电池的示意图[87]

此外，固态电解质与锂负极之间的界面问题导致的较高电池内阻，以及锂金属与固态电解质之间的界面相容性，在全固态锂空气电池的研究中同样不容忽视。大量研究工作通过引入界面缓冲层或者添加剂的方法，以减少固态电解质与锂负极的界面造成的不利影响。例如，研究学者在锂电极与铂（Pt）负载的 LATP 的界面之间，引入由 PEO：Li（CF$_3$SO$_2$）$_2$N 组成的聚合物薄膜，降低了电池的内阻，提高了锂负极与固态电解质之间的电荷转移，提高了电池容量[88]。采用该凝胶-无机固态电解质的全固态锂空气电池在 60℃工作温度、$0.1mA \cdot cm^{-2}$ 的电流密度下，具有 2.9V 的放电电压、$1750mA \cdot h \cdot g^{-1}$（Pt）的放电容量。过渡层的引入也可通过形成锂金属合金或 Li$^+$ 导电层，来改善 Li 电极与固态电解质的化学相容性，调控界面性质（从疏锂性成为亲锂性），降低界面极化。例如，研究学者在 Li$_7$La$_{2.75}$Ca$_{0.25}$Zr$_{1.75}$Nb$_{0.25}$O$_{12}$（LLCZN）固态电解质表面，采用原子层沉积技术制备超薄涂层 Al$_2$O$_3$，显著改善了锂金属与 LLCZN 表面的润湿性和化学相容性，有效地将界面电阻从 $1710\Omega \cdot cm^2$ 降低到 $1\Omega \cdot cm^2$[89]。添加剂的引入也可有效改善锂电极与固态电解质的界面性质。例如，研究学者通过引入 Li$_3$PO$_4$ 作为 Li$_{6.5}$La$_3$Zr$_{1.5}$Ta$_{0.5}$O$_{12}$（LLZT）固态电解质的第二相添加剂，改善

了界面相容性[90]。这是由于在充电过程中，Li_3PO_4 会与 Li 金属反应，形成具有较高离子电导率的 Li_3P（高于 $10^{-4}S \cdot cm^{-1}$）。该 Li_3PO_4-LLZT 固态电解质获得了 $1.4 \times 10^{-4}S \cdot cm^{-1}$ 的离子电导率，将电解质-锂的界面电阻从 $2080\Omega \cdot cm^2$ 降低到 $1008\Omega \cdot cm^2$，并且在电池 60 h 循环测试后，该界面电阻进一步降至 $454\Omega \cdot cm^2$。

尽管无机固态电解质在金属空气电池中的应用具有诸多优势，但是在形成用于电化学反应的有效固态电解质-固体电极界面方面仍然存在许多困难。未来的研究工作需集中于揭示固-固界面上锂与氧气的反应机制，开发与锂金属具有良好相容性、耐空气中的氧气和二氧化碳反应的新型固态电解质，以望促进全固态锂空气电池的应用与发展。

参考文献

[1] Cheng F，Chen J. Metal-air batteries：From oxygen reduction electrochemistry to cathode catalysts. Chemical Society Reviews，2012，41（6）：2172-2192.

[2] Liu Q，Pan Z，Wang E，et al. Aqueous metal-air batteries：Fundamentals and applications. Energy Storage Materials，2020，27：478-505.

[3] Sun Y，Liu X，Jiang Y，et al. Recent advances and challenges in divalent and multivalent metal electrodes for metal-air batteries. Journal of Materials Chemistry A，2019，7（31）：18183-18208.

[4] Li Y，Lu J. Metal-air batteries：Will they be the future electrochemical energy storage device of choice? ACS Energy Letters，2017，2（6）：1370-1377.

[5] See D M，White R E. Temperature and concentration dependence of the specific conductivity of concentrated solutions of potassium hydroxide. Journal of Chemical and Engineering Data，1997，42（6）：1266-1268.

[6] Liu Q，Chang Z，Li Z，et al. Flexible metal-air batteries：Progress，challenges，and perspectives. Small Methods，2018，2（2）：1700231.

[7] Pan Z，Huang B，An L. Performance of a hybrid direct ethylene glycol fuel cell. International Journal of Energy Research，2018，43（7）：2583-2591.

[8] Pan Z F，An L，Zhao T S，et al. Advances and challenges in alkaline anion exchange membrane fuel cells. Progress in Energy and Combustion Science，2018，66：141-175.

[9] Cheng H H，Tan C S. Reduction of CO_2 concentration in a zinc/air battery by absorption in a rotating packed bed. Journal of Power Sources，2006，162（2）：1431-1436.

[10] Schröder D，Sinai Borker N N，König M，et al. Performance of zinc air batteries with added K_2CO_3 in the alkaline electrolyte. Journal of Applied Electrochemistry，2015，45（5）：427-437.

[11] Gagnon E G. Effect of ten weight percent KOH electrolyte on the durability of zinc/nickel oxide cells containing zinc electrodes with calcium hydroxide. Journal of the Electrochemical Society，1991，138（11）：3173-3176.

[12] Lan C J，Lee C Y，Chin T S. Tetra-alkyl ammonium hydroxides as inhibitors of Zn dendrite in Zn-based secondary batteries. Electrochimica Acta，2007，52（17）：5407-5416.

[13] Sharma Y，Aziz M，Yusof J，et al. Triethanolamine as an additive to the anode to improve the rechargeability of alkaline manganese dioxide batteries. Journal of Power Sources，2001，94（1）：129-131.

[14] Banik S J，Akolkar R. Suppressing dendrite growth during zinc electrodeposition by PEG-200 additive. Journal of the Electrochemical Society，2013，160（11）：D519-D523.

[15] Mainar A R，Iruin E，Colmenares L C，et al. Systematic cycle life assessment of a secondary zinc-air battery as a function of the alkaline electrolyte composition. Energy Science and Engineering，2018，6（3）：174-186.

[16] Lee J，Hwang B，Park M S，et al. Improved reversibility of Zn anodes for rechargeable Zn-air batteries by using alkoxide and acetate ions. Electrochimica Acta，2016，199：164-171.

[17] Lee C W，Sathiyanarayanan K，Eom S W，et al. Novel electrochemical behavior of zinc anodes in zinc/air batteries in the presence of additives. Journal of Power Sources，2006，159（2）：1474-1477.

[18] Sumboja A，Ge X，Zheng G，et al. Durable rechargeable zinc-air batteries with neutral electrolyte and manganese oxide catalyst. Journal of Power Sources，2016，332：330-336.

[19] Song Z，Ding J，Liu B，et al. A rechargeable Zn-air battery with high energy efficiency and long life enabled by a highly water-retentive gel electrolyte with reaction modifier. Advanced Materials，2020，32（22）：1908127.

[20] Yang H B，Miao J，Hung S F，et al. Identification of catalytic sites for oxygen reduction and oxygen evolution in N-doped graphene materials：Development of highly efficient metal-free bifunctional electrocatalyst. Science Advances，2016，2（4）：e1501122.

[21] Amendola S，Binder M，Black P J，et al. Electrically rechargeable，metal-air battery systems and methods：PCT/US 2012/0021303 A1. 2012-6-26.

[22] Thomas Goh F W，Liu Z，Andy Hor T S，et al. A near-neutral chloride electrolyte for electrically rechargeable zinc-air batteries. Journal of the Electrochemical Society，2014，161（14）：A2080-A2086.

[23] Wang F，Borodin O，Gao T，et al. Highly reversible zinc metal anode for aqueous batteries. Nature Materials，2018，17（6）：543-549.

[24] Li L，Manthiram A. Long-life，high-voltage acidic zn-air batteries. Advanced Energy Materials，2016，6（5）：1502054.

[25] Lee T S. Rechargeable galvanic cell and electrolyte therefor-Ⅱ：PCT/US 3944430.

[26] Blurton K F，Sammells A F. Secondary zinc/oxygen electrochemical cells using inorganic oxyacid electrolytes：PCT/US 4220690.

[27] Lewenstein H L. Electrolytic cell with minimal water dissipation：PCT/US 3928066.

[28] Abraham K M，Jiang Z. A polymer electrolyte-based rechargeable lithium/oxygen battery. Jour-

nal of the Electrochemical Society，1996，143（1）：1-5.

[29] Girishkumar G，McCloskey B，Luntz A C，et al. Lithium-air battery：Promise and challenges. Journal of Physical Chemistry Letters，2010，1（14）：2193-2203.

[30] Khetan A，Luntz A，Viswanathan V. Trade-offs in capacity and rechargeability in nonaqueous Li-O_2 batteries：Solution-driven growth versus nucleophilic stability. Journal of Physical Chemistry Letters，2015，6（7）：1254-1259.

[31] Aetukuri N B，McCloskey B D，Garciá J M，et al. Solvating additives drive solution-mediated electrochemistry and enhance toroid growth in non-aqueous Li-O_2 batteries. Nature Chemistry，2015，7（1）：50-56.

[32] Zhang Z，Lu J，Assary R S，et al. Increased stability toward oxygen reduction products for lithium-air batteries with oligoether-functionalized silane electrolytes. The Journal of Physical Chemistry C，2011，115（51）：25535-25542.

[33] Freunberger S A，Chen Y，Peng Z，et al. Reactions in the rechargeable lithium-O_2 battery with alkyl carbonate electrolytes. Journal of the American Chemical Society，2011，133（20）：8040-8047.

[34] Laoire C Ó，Mukerjee S，Plichta E J，et al. Rechargeable lithium/TEGDME-$LiPF_6$/O_2 battery. Journal of the Electrochemical Society，2011，158（3）：A302-A308.

[35] Bryantsev V S，Faglioni F. Predicting autoxidation stability of ether-and amide-based electrolyte solvents for Li-air batteries. Journal of Physical Chemistry A，2012，116（26）：7128-7138.

[36] Bryantsev V S，Uddin J，Giordani V，et al. The identification of stable solvents for non-aqueous rechargeable Li-air batteries. Journal of the Electrochemical Society，2013，160（1）：A160-A171.

[37] Freunberger S A，Chen Y，Drewett N E，et al. The lithium-oxygen battery with ether-based electrolytes. Angewandte Chemie International Edition，2011，50（37）：8609-8613.

[38] Lim H D，Park K Y，Gwon H，et al. The potential for long-term operation of a lithium-oxygen battery using a non-carbonate-based electrolyte. Chemical Communications，2012，48（67）：8374-8376.

[39] Sharon D，Hirshberg D，Afri M，et al. The importance of solvent selection in Li-O_2 cells. Chemical Communications，2017，53（22）：3269-3272.

[40] Maricle D L，Hodgson W G. Reduction of oxygen to superoxide anion in aprotic solvents. Analytical Chemistry，1965，37（12）：1562-1565.

[41] Chen Y，Freunberger S A，Peng Z，et al. Li-O_2 battery with a dimethylformamide electrolyte. Journal of the American Chemical Society，2012，134（18）：7952-7957.

[42] Bryantsev V S，Giordani V，Walker W，et al. Investigation of fluorinated amides for solid-electrolyte interphase stabilization in Li-O_2 batteries using amide-based electrolytes. Journal of Physical Chemistry C，2013，117（23）：11977-11988.

[43] Li Y，Wang X，Dong S，et al. Recent advances in non-aqueous electrolyte for rechargeable Li-O_2 batteries. Advanced Energy Materials，2016，6（18）：1600751.

[44] Xu D, Wang Z L, Xu J J, et al. Novel DMSO-based electrolyte for high performance rechargeable Li-O$_2$ batteries. Chemical Communications, 2012, 48 (55): 6948-6950.

[45] Ottakam Thotiyl M M, Freunberger S A, Peng Z, et al. A stable cathode for the aprotic Li-O$_2$ battery. Nature Materials, 2013, 12 (11): 1050-1056.

[46] Liu B, Xu W, Yan P, et al. Stabilization of Li metal anode in DMSO-based electrolytes via optimization of salt-solvent coordination for Li-O$_2$ batteries. Advanced Energy Materials, 2017, 7 (14): 1602605.

[47] Lai J, Xing Y, Chen N, et al. Electrolytes for rechargeable lithium-air batteries. Angewandte Chemie International Edition, 2020, 59 (8): 2974-2997.

[48] Nakamoto H, Suzuki Y, Shiotsuki T, et al. Ether-functionalized ionic liquid electrolytes for lithium-air batteries. Journal of Power Sources, 2013, 243: 19-23.

[49] Kunze M, Jeong S, Paillard E, et al. Melting behavior of pyrrolidinium-based ionic liquids and their binary mixtures. Journal of Physical Chemistry C, 2010, 114 (28): 12364-12369.

[50] Montanino M, Moreno M, Alessandrini F, et al. Physical and electrochemical properties of binary ionic liquid mixtures: $(1-x)$ PYR$_{14}$ TFSI-(x) PYR$_{14}$ IM$_{14}$. Electrochimica Acta, 2012, 60: 163-169.

[51] Ishikawa M, Sugimoto T, Kikuta M, et al. Pure ionic liquid electrolytes compatible with a graphitized carbon negative electrode in rechargeable lithium-ion batteries. Journal of Power Sources, 2006, 162 (1): 658-662.

[52] Paillard E, Zhou Q, Henderson W A, et al. Electrochemical and physicochemical properties of PY$_{14}$FSI-based electrolytes with LiFSI. Journal of the Electrochemical Society, 2009, 156 (11): A891-A895.

[53] Reiter J, Paillard E, Grande L, et al. Physicochemical properties of N-methoxyethyl-N-methylpyrrolidinum ionic liquids with perfluorinated anions. Electrochimica Acta, 2013, 91: 101-107.

[54] Elia G A, Hassoun J, Kwak W J, et al. An advanced lithium-air battery exploiting an ionic liquid-based electrolyte. Nano Letters, 2014, 14 (11): 6572-6577.

[55] Das S, Højberg J, Knudsen K B, et al. Instability of ionic liquid-based electrolytes in Li-O$_2$ batteries. Journal of Physical Chemistry C, 2015, 119 (32): 18084-18090.

[56] Kuboki T, Okuyama T, Ohsaki T, et al. Lithium-air batteries using hydrophobic room temperature ionic liquid electrolyte. Journal of Power Sources, 2005, 146 (1-2): 766-769.

[57] Xu M, Ivey D G, Xie Z, et al. Electrochemical behavior of Zn/Zn (Ⅱ) couples in aprotic ionic liquids based on pyrrolidinium and imidazolium cations and bis (trifluoromethanesulfonyl) imide and dicyanamide anions. Electrochimica Acta, 2013, 89: 756-762.

[58] Simons T J, Torriero A A J, Howlett P C, et al. High current density, efficient cycling of Zn^{2+} in 1-ethyl-3-methylimidazolium dicyanamide ionic liquid: The effect of Zn^{2+} salt and water concentration. Electrochemistry Communications, 2012, 18 (1): 119-122.

[59] Liu Z, Cui T, Pulletikurthi G, Lahiri A, et al. Dendrite-free nanocrystalline zinc electrodeposition from an ionic liquid containing nickel triflate for rechargeable Zn-based batteries. Angewandte Chemie International Edition, 2016, 55 (8): 2889-2893.

[60] Xu M, Ivey D G, Qu W, et al. The effect of water addition on Zn/Zn (Ⅱ) redox reactions in room temperature ionic liquids with bis (trifluoromethanesulfonyl) imide anions. ECS Transactions, 2013, 53 (36): 41-50.

[61] Xu M, Ivey D G, Xie Z, et al. Rechargeable Zn-air batteries: Progress in electrolyte development and cell configuration advancement. Journal of Power Sources, 2015, 283 (20743): 358-371.

[62] Pozo-Gonzalo C, Virgilio C, Yan Y, et al. Enhanced performance of phosphonium based ionic liquids towards 4 electrons oxygen reduction reaction upon addition of a weak proton source. Electrochemistry Communications, 2014, 38: 24-27.

[63] Laoire C O, Mukerjee S, Abraham K M, et al. Elucidating the mechanism of oxygen reduction for lithium-air battery applications. Journal of Physical Chemistry C, 2009, 113 (46): 20127-20134.

[64] Harting K, Kunz U, Turek T. Zinc-air batteries: Prospects and challenges for future improvement. Zeitschrift für Physikalische Chemie, 2012, 226 (2): 151-166.

[65] Kar M, Simons T J, Forsyth M, et al. Ionic liquid electrolytes as a platform for rechargeable metal-air batteries: a perspective. Physical Chemistry Chemical Physics, 2014, 16 (35): 18658-18674.

[66] Guo H, Luo W, Chen J, et al. Review of electrolytes in nonaqueous lithium-oxygen batteries. Advanced Sustainable Systems, 2018, 2 (8-9): 1700183.

[67] Khan A, Zhao C. Oxygen reduction reactions in aprotic ionic liquids based mixed electrolytes for high performance of Li-O$_2$ batteries. ACS Sustainable Chemistry & Engineering, 2016, 4 (2): 506-513.

[68] Asadi M, Sayahpour B, Abbasi P, et al. A lithium-oxygen battery with a long cycle life in an air-like atmosphere. Nature, 2018, 555 (7697): 502-506.

[69] Adams B D, Black R, Williams Z, et al. Towards a stable organic electrolyte for the lithium oxygen battery. Advanced Energy Materials, 2015, 5 (1): 1400867.

[70] Huang L Y, Shih Y C, Wang S H, et al. Gel electrolytes based on an ether-abundant polymeric framework for high-rate and long-cycle-life lithium ion batteries. Journal of Materials Chemistry A, 2014, 2 (27): 10492-10501.

[71] Pan Q, Smith D M, Qi H, et al. Hybrid electrolytes with controlled network structures for lithium metal batteries. Advanced Materials, 2015, 27 (39): 5995-6001.

[72] Fenton D E, Parker J M, Wright P V. Complexes of alkali metal ions with poly (ethylene oxide). Polymer, 1973, 14 (11): 589.

[73] Vassal N, Salmon E, Fauvarque J F. Electrochemical properties of an alkaline solid polymer electrolyte based on P (ECH-co-EO). Electrochimica Acta, 2000, 45 (8): 1527-1532.

[74] Lewandowski A, Skorupska K, Malinska J. Novel poly (vinyl alcohol)-KOH-H$_2$O al-

kaline polymer electrolyte. Solid State Ionics，2000，133（3）：265-271.

[75] Fan X，Liu J，Song Z，et al. Porous nanocomposite gel polymer electrolyte with high ionic conductivity and superior electrolyte retention capability for long-cycle-life flexible zinc-air batteries. Nano Energy，2019，56：454-462.

[76] Zhu X，Yang H，Cao Y，et al. Preparation and electrochemical characterization of the alkaline polymer gel electrolyte polymerized from acrylic acid and KOH solution. Electrochimica Acta，2004，49（16）：2533-2539.

[77] Li Y，Zhong C，Liu J，et al. Atomically thin mesoporous Co_3O_4 layers strongly coupled with N-rGO nanosheets as high-performance bifunctional catalysts for 1D knittable zinc-air batteries. Advanced Materials，2018，30（4）：1703657.

[78] Qu S，Song Z，Liu J，et al. Electrochemical approach to prepare integrated air electrodes for highly stretchable zinc-air battery array with tunable output voltage and current for wearable electronics. Nano Energy，2017，39：101-110.

[79] Zhang J，Fu J，Song X，et al. Laminated cross-linked nanocellulose/graphene oxide electrolyte for flexible rechargeable zinc-air batteries. Advanced Energy Materials，2016，6（14）：1600476.

[80] Li Y，Fan X，Liu X，et al. Long-battery-life flexible zinc-air battery with near-neutral polymer electrolyte and nanoporous integrated air electrode. Journal of Materials Chemistry A，2019，7（44）：25449-25457.

[81] Li M，Liu B，Fan X，et al. Long-shelf-life polymer electrolyte based on tetraethylammonium hydroxide for flexible zinc-air batteries. ACS Applied Materials & Interfaces，2019，11（32）：28909-28917.

[82] Xu N，Zhang Y，Wang M，et al. High-performing rechargeable/flexible zinc-air batteries by coordinated hierarchical Bi-metallic electrocatalyst and heterostructure anion exchange membrane. Nano Energy，2019，65：104021.

[83] Kim H W，Lim J M，Lee H J，et al. Artificially engineered，bicontinuous anion-conducting/-repelling polymeric phases as a selective ion transport channel for rechargeable zinc-air battery separator membranes. Journal of Materials Chemistry A，2016，4（10）：3711-3720.

[84] Wang Y，Zhou H. To draw an air electrode of a Li-air battery by pencil. Energy & Environmental Science，2011，4（5）：1704.

[85] Kitaura H，Zhou H. Electrochemical performance of solid-state lithium-air batteries using carbon nanotube catalyst in the air electrode. Advanced Energy Materials，2012，2（7）：889-894.

[86] Shen Y，Sun D，Yu L，et al. A high-capacity lithium-air battery with Pd modified carbon nanotube sponge cathode working in regular air. Carbon，2013，62：288-295.

[87] Zhu X B，Zhao T S，Wei Z H，et al. A novel solid-state Li-O_2 battery with an integrated electrolyte and cathode structure. Energy & Environmental Science，2015，8（9）：2782-2790.

[88] Suzuki Y，Watanabe K，Sakuma S，et al. Electrochemical performance of an all-solid-

state lithium-oxygen battery under humidified oxygen. Solid State Ionics，2016，289：
72-76.

[89] Han X，Gong Y，Fu K K，et al. Negating interfacial impedance in garnet-based solid-
state Li metal batteries. Nature Materials，2017，16（5）：572-579.

[90] Xu B，Li W，Duan H，et al. Li_3PO_4-added garnet-type $Li_{6.5}La_3Zr_{1.5}Ta_{0.5}O_{12}$ for Li-
dendrite suppression. Journal of Power Sources，2017，354：68-73.

第 5 章

挑战和展望

储能技术是推动能源革命和新能源产业发展，实现全球能源转型升级的核心技术之一，覆盖电源侧、电网侧、用户侧以及社会化功能性储能设施等多方面需求。其中，电池储能技术具有响应快速、可以模块化、安装灵活和施工周期短等优势，在可再生能源规模化、缓解电能使用峰谷差、消费电子应用场景多样化、发展电动汽车产业等领域表现出广阔的应用前景。通常，电池的核心组成部分包括正负电极和电解质。其中，电解质作为电池器件中的重要离子传输介质，是电池电化学反应稳定进行的关键，显著影响电池的工作机制和输出性能（如功率密度、能量密度、循环寿命等）。因此，本书以面向高性能储能器件的电解质的设计与应用为核心，系统阐述了用于高性能储能器件的电解质面临的挑战和发展前景，主要针对电解质的材料设计、制备与具体应用等方面进行了详细介绍。自19世纪初开始关注电解质溶液的电导现象，到如今在种类繁多的储能器件领域中电解质材料的百花齐放，人们对于高性能电解质的追求与探索从未止步。在众多电池储能器件中，锂离子电池具有工作电压较高、寿命较长、记忆效应小且对环境友好等优势，已成为全球电池市场的一项重要储能技术。然而，高成本和逐渐接近能量密度极限等问题，限制了锂离子电池的进一步广泛应用。与此相比，金属硫电池和金属空气电池具有较高的理论能量密度，表现出巨大的市场潜力。本书主要对上述电池的高性能电解质材料进行了详细介绍。其中，对于传统使用的液态电解质，本书深入介绍了电解质的基础特性（如离子电导率、黏度、电化学窗口、化学和电化学稳定性、热稳定性）、电解质与电池电极之间相互作用以及电解质在具体电池中所面临的挑战，并讨论了设计和优化电解质的方法，揭示了电解质的组成及其与电极相互作用对电池性能影响的内在机制。此外，随着人们对于高度集成化、轻量便携化、可穿戴式、可植入式器件的需求，柔性、可拉伸、功能集成化的储能器件，成为柔性储能领域全面创新发展的有力驱动。作为柔性储能器件的核心组成单元，半固态/固态电解质材料在柔性、便携性、避免形变过程中可能的漏液问题等方面，表现出其独特优势，吸引了学术界和工业界的广泛关注和深入研究。

　　总的来说，高性能储能器件电解质的发展既有挑战，也有机遇。为了克服这些挑战，我们提出了一些未来的研究方向。

　　① 新型电解质材料的开发，对于高能量密度新型电池器件的研究至关重要。例如，研发具有较宽电化学稳定窗口的电解质材料，有利于提升储能器件的能量输出。通过调节溶剂、盐和添加剂可以改进电解质的电化学稳定窗口，从而优化电池性能。此外，单一电解质往往难以同时满足高性能储能器件的所有要求（如宽电化学稳定窗口、高离子电导率、高热稳定性、低黏度、低成本和环境友好性）。因此，在实际应用中需要合理设计和对不同电解质材料进行复合，以获得

化学（包括电化学稳定窗口、化学稳定性等）、物理（包括黏度、离子电导率等）和安全性的相容。例如，将具有较高离子电导率或含高浓度导电盐的电解质，与具有较宽电化学稳定窗口的有机溶剂结合使用，可以获得同时满足电导率和电化学窗口要求的新型电解质。另外，离子液体因其独特的性质（如挥发性低、不可燃、电化学窗口宽）引起了学术界广泛的研究兴趣，是一种具有发展前景的电解质材料。然而，离子液体的高黏度特性限制了其离子传输性能[1]。通过合理设计离子液体中的阳离子和阴离子，或将离子液体与具备高离子电导率的电解质协同使用，有助于开发兼具高离子电导率和高电化学稳定性的电解质材料。离子液体的高成本也是制约其大规模应用的重要因素，开发新型离子液体、改进制备工艺及原料、提高回收再利用率，以及与较低成本的有机电解质和水系电解质共混，有利于降低离子液体电解质的经济成本，促进未来离子液体的广泛应用。此外，对不同电解质的特性分析可为电解质的发展提供指导，例如，对于离子液体的低挥发性和高电化学稳定性的深入研究与理论分析，有助于为提升其他电解质的相关性能提供借鉴。近年来，机器学习和人工智能在反应预测和化学合成分析中展现了广泛的应用前景，可以通过分析不同电解质物理化学性质的内在关系，探索未知新材料的属性。该技术的应用将显著促进储能器件电解质的发展，但还需要广大科研工作者的不懈探索与努力。

②随着柔性半固态电解质的发展日渐兴盛，其特性和离子传输机制需要进一步深入探索。随着科学技术的发展，人类日常生活中的柔性电子设备如柔性电子显示屏、可穿戴电子设备等日益增多，促进了柔性可穿戴储能器件的发展。其中，半固态电解质的应用可以有效避免液态电解质在柔性形变过程中可能出现的漏液等安全隐患。对于柔性储能器件来说，半固态电解质需要满足可弯曲、可折叠、可扭曲、可拉伸等形变需求，还需要具有良好的物理和电化学性能（例如，离子电导率和电化学稳定性等）等[2]。然而，目前关于半固态电解质的离子传导与失效机制尚不明确，尤其是该电解质与液态电解质离子传导机制的差异仍需探索。结合先进的原位表征技术（如原位拉曼光谱等），探索半固态电解质中聚合物基体对离子传输过程的影响，有助于揭示聚合物电解质的离子传导机制，以改进电解质组成，获得接近液态电解质的离子电导率。此外，采用原位表征技术，分析电池实际工作过程中半固态电解质的反应机制和失效机理，或者固态电解质与电极之间SEI的形成原理，可以用于指导提高半固态/固态电解质-电极界面的稳定性，从而延长电池循环寿命和存储寿命[3]。为了获得新型高性能的半固态/固态电解质，还需要交叉学科的理论支持，例如借鉴植物的保水机理开发具有高保水性能的半固态电解质；基于人类皮肤性质制备离子导体水凝胶材料，实现仿生皮肤的传感功能（应力和应变刺激）和力学性质（弹性和可拉伸性），

用于植入式储能器件等[4]。

③ 优化电解质和电极材料之间的界面相容性，以改善储能器件的稳定性。为满足高能量密度、高安全性能的电池需求，具有高离子电导率、宽电化学窗口以及高化学和电化学稳定性的电解质的研究取得了显著进展。然而，电解质和电极界面处的高阻抗以及副反应等，仍是限制高性能电解质材料实际应用的重要挑战。电解质和电极之间的界面是实现电子传输和离子交换的关键部位，其界面阻抗会影响电池的内阻，并且界面相容性对于电池高效稳定工作至关重要。因此，在优化电解质物理化学特性的同时，需要保证电极-电解质界面的相容性和电极稳定性。基于先进的表征技术，原位揭示电池反应过程中电极-电解质界面演化机理，有利于深入揭示电池的反应机制和失效原因。同时，电极-电解质界面层的研究，可以为构建良好界面相容性的电解质和 SEI 层提供指导。例如，基于锂离子电池中 SEI 的形成机制，在金属锂电极表面构建人造 SEI 膜，能够有效抑制电解液和电极之间的反应，减少枝晶的形成，从而改善电池循环性能[5]。

④ 优化电解质的大规模生产制备工艺，以降低生产成本，提高生产效率。目前，大多数文献报道的电解质材料仍处于手工制备阶段，因此，为了满足未来储能器件的规模化应用，迫切需要发展一种简单、高效且可控性强的制造工艺，实现电解质材料的大规模生产。特别是对于半固态聚合物电解质来说，其生产和电池组装不同于传统液态电池的生产工艺，需要制定特别的生产流程线。印刷、打印技术［如激光打印、光刻技术、三维（3D）打印、柔版印刷、凹版印刷、丝网印刷、喷墨印刷等］具有精度高、可控性强、生产效率高等优点，可以克服手工制作方法的生产效率低、生产质量不稳定、生产速度慢等问题，在量化生产电解质材料、组装电池及电池组件集成整装方面具有优势。然而，印刷、打印技术需要精密的设备仪器和优化的印刷油墨配方，因而其生产成本较高，目前仅被用于精尖部件的制备。为了解决这一问题，低成本、高精度的印刷打印技术的开发研究迫在眉睫，需要具备多学科背景的研究人员共同协作，将学术研究与实际生产相结合。

⑤ 建立全面、科学的评价体系，以合理评价电解质及其所组装电池的性能，对于指导储能器件中电解质的研发和应用推广具有重要意义。目前，已经发展了种类多样的适用于储能器件的电解质材料。然而，由于各类储能器件在电化学反应、应用场景和经济可行性等方面均有不同表现，因此，电解质的综合适用性对高性能储能器件的发展和大规模应用至关重要。同时，根据储能器件的高能量密度、长寿命及低成本等需求，发展最适合于特定储能器件的电解质材料也是一项重要课题。首先，迫切需要发展适用于电解质综合分析的客观、全面的评价指标体系。例如，针对柔性储能器件的应用，应综合考虑电解质材料的力学性能、电

化学性能（包括离子电导率、化学和电化学稳定性、电化学窗口、与电极相容性等）、物理性能（包括保水性等）以及成本[6]。其次，对电解质性质的分析和评价应基于其在具体储能器件中的实际应用。例如，在高能量密度金属空气电池、锂金属电池和大功率超级电容器的研究中，研究学者更多地关注采用某种电解质时，储能器件的充放电性能、能量和功率密度以及循环寿命等。然而，对于电池的储存寿命和深度放电性能等关注较少。因此，未来对于电解质的研究需进一步关注其在电池放置过程中与电极的相容性，以及在深度充放电工作环境下的稳定性。此外，构建统一的评价方法对于比较不同电解质的性能至关重要。例如，对于便携式储能器件在实际应用中的综合分析，由于人们对于微型化、轻量化器件的追求，基于电池的整体质量（或体积）计算所得的能量/功率密度更具指导意义。另外，随着柔性和可拉伸器件的发展，需要建立统一的标准和方法来评估一定施加应力下的力学性能，以满足日常生活中的实际需求。

参考文献

[1] Hapiot P，Lagrost C. Electrochemical reactivity in room-temperature ionic liquids. Chemical Reviews，2008，108（7）：2238-2264.

[2] Fan X Y，Liu B，Ding J，et al. Flexible and wearable power sources for next-generation wearable electronics. Batteries & Supercaps，2020，3（12）：1262-1274.

[3] Wu J，Ma F，Liu X，et al. Recent progress in advanced characterization methods for silicon-based lithium-ion batteries. Small Methods，2019，3（10）：1900158.

[4] Fan H，Gong J P. Fabrication of bioinspired hydrogels：challenges and opportunities. Macromolecules，2020，53（8）：2769-2782.

[5] Liu W，Liu P，Mitlin D. Review of emerging concepts in SEI analysis and artificial SEI membranes for lithium，sodium，and potassium metal battery anodes. Advanced Energy Materials，2020，10（43）：2002297.

[6] Fan X，Liu X，Hu W，et al. Advances in the development of power supplies for the internet of everything. InfoMat，2019，1（2）：130-139.

索 引